神奇的蔬果汁

改善高血压秘诀

李馥 主编

新疆人民出版总社
新疆人民卫生出版社

作者序

现代人生活富足，衣食无虞，许多人对吃愈来愈讲究，常常要吃得美味又精致。虽然，这几年健康意识抬头，但是饮食西化及高油脂、高热量的食物还是充斥在生活周遭。尤其在竞争繁忙的都会，外食人口的比例增加，很多坐办公室的上班族因缺乏运动，长期下来，有些人坐成了"鲔鱼肚"。而过度紧张、生活压力大的环境，也连带了影响健康，错误的饮食习惯和过度的心理压力都是酝酿慢性病的最佳杀手。

这几年来，三高与癌症一直是热门的保健话题，而这几年高血压更是沉默的健康杀手，罹患率一直居高不下。据估计，在某些经济发达的大城市大约有20%的人罹患高血压，其比例之高，身为现代人不得不加以警惕，而且罹患高血压的年龄层已经下降。更要注意的是高血压不易发觉，而一旦有了高血压就会伴随心脏血管的疾病，伤害人体的健康，甚至造成死亡率增加的危险。

随着保健观念的进步与重视，吃得营养均衡，已经不是大鱼大肉、山珍海味，高血压患者更应在日常生活中重视如何吃得健康。除了日常生活里多选购"天然"的食物，尤其应多吃高纤蔬果或是五谷杂粮，更应多注意烹调方式，烹调原则应谨记"高纤、少油、少盐、少调味品、少加工品"的原则，尤其是

减少摄取盐分（低钠饮食），有助于调控血压，增进心脏血管的健康。

本书是我集多年来从事健康编辑与钻研健康领域十多年的心得。书中收录了100道健康养生的饮品，不只制作简便易懂，也借助食材的特性让食物更自然的呈现天然地美味。最重要的是，每一道都是特别针对高血压及其他慢性疾病设计的，所以还会将食材的功效和预防治疗的效果一一详述。全文不用艰深难懂的医学知识，也不介绍过于精致复杂做法的食物，让你轻松享受DIY的保健乐趣。如果，你是濒临高血压边缘的患者，或是已经诊定为高血压的人，我都建议，一定要常常运动、睡眠充足、放松身心，再来就是用食疗来辅助降血压。

本书得以顺利出版，要特别感谢出版社，并感谢总编、执编在拍摄过程中的协助，还有摄影师詹大哥，营养师曹丽燕的审订推荐，也希望未来能写出更实用、对大众更有裨益的健康保健书，以回馈读者。

推荐序

　　根据卫生署的资料统计，2010年国人十大死亡原因中，心脏和心血管疾病已位居第二位，而高血压就是容易引发心血管疾病的隐形杀手。随着饮食文化的改变以及工作压力的剧增，高血压发病率有逐年上升，而发病年龄更有逐年下降的趋势。

　　相较于一般的慢性病，高血压最大的隐忧便是发病初期通常没有明显症状出现，对于日常生活也没有较为特殊的影响，所以非常容易因为疏忽而导致严重的后果。在隐性的高血压患者当中，知道自己有高血压者可能仅有一半左右，能够好好控制病情的人更在少数，这是很值得担忧的一点，因为高血压若不好好加以控制，可能在五或十年后会引发无可收拾的并发症。

　　高血压从一开始的血管流血量减少，轻微如脑细胞发生缺血现象，导致有头疼、眩晕等情形，严重到可能引起重要器官的动脉硬化，在脑部就形成脑中风，在肾脏就造成肾衰竭，在心脏就引起心绞痛、心律不整、心肌梗塞等，甚至有可能猝死。这沉默的刽子手，一旦出现就会默默地腐蚀我们的身体，怎么能够不小心防范呢？

　　而想要从根本来改善高血压，除了定期的测量血压以及健康检查、药物治疗以外，另外有两个可以自我预防及改善的方式：一是饮食，如维持适合的体重，

采取低盐的饮食，少抽烟喝酒；二是规律且温和的运动，通过健康的生活方式及搭配饮食、运动控制，在高血压的预防中，实在是占有举足轻重的地位。

依流行病学调查和临床观察显示，高血压的病人一般而言通常都有比较喜爱咸食的饮食习惯，而值得庆幸的是，只要我们平时能够多注意饮食，多吃高纤蔬果、节制零食、减少盐分的摄取，就能简单有效地以均衡的膳食来预防高血压以及帮助患者控制血压。

我担任营养师多年，发觉现代人工作及生活的压力真的很大，而三餐不正常、偏好重口味、缺乏运动外加高龄化的社会，高血压的患者真的是愈来愈多。因此，我十多年的老同学李馥，特别集结多年的写作与切身经验，编撰了这本书。本书特别针对高血压设计了100道高纤低钠的蔬果及五谷杂粮饮品，让你可以配合一年四季，以当季的新鲜食材，每天花简单的几分钟制作，一天只需一到二杯，就可以有效地让身体更健康，高血压Get out！此外，还附上各式蔬果的营养成分和贴心的小叮咛，让你在动手做出健康饮品的同时，又能够了解到这些蔬果降低血压的原理及对身体的帮助。

如果你正在为高血压所苦，请一定要看这本书；如果你关心自己及家人的心血管问题，更请你一定要看，并且善用书内的食谱。希望读者朋友们看了本书之后，能够轻松地以高纤健康的饮品来预防并改善高血压，重新拥有健康的乐活人生！

中山医学大学附设医院 营养师　曹丽燕

Contents

目录

Part 2
高血压GET OUT

Part 4
蔬果汁对症密码

Part 3
高血压6Q

Contents
目录

Part 5
以蔬菜为主角的蔬果汁

Part 6
以水果为主角的果汁

Contents
目录

Part 7
综合蔬果&有机杂粮

Part 1
认识高血压

根据统计，2010 年国人 10 大死因中，癌症再度居为首位，心脏和心血管疾病则位居第二位。高血压就是一种常见的心血管疾病，而且发病率还有逐年上升的趋势。高血压容易引发脑中风、心脏病、肾脏病的危险，甚至会提高死亡率，实在是不容忽视。

什么是血压?

简单来说,血压就是血液在流动的过程中,对血管造成的压力。血压的单位是"mmHg"(毫米汞柱)。血压又分为收缩压和舒张压:收缩压是当心脏收缩把血液打到血管所测得的血压,这时造成血管壁的压力最大,血压最高;舒张压是心脏在不收缩所得的压力,这时造成血管壁的压力最小,血压最低。正常的血压范围是收缩压低于 120 mmHg(毫米汞柱),舒张压低于 80 mmHg(毫米汞柱)。

什么是高血压?

根据世界卫生组织的定义,高血压是在静止状态量度的血压持续偏高或等大于 140/90 mmHg(毫米汞柱),但某一次测量出血压的数值偏高,并不能判定为高血压,必须为持续性的血压值高于正常。一般而言,必须要在三次以上,在不同时间内所测得的血压数值都高于诊断标准。如果测量出血压值在高血压和正常血压之间,收缩压 120 ~ 139mmHg、舒张压 80 ~ 89mmHg,属于高血压前期,而且应该调整饮食习惯与定期测量血压,以降低罹患高血压的机率。

高血压的临床分期是高血压病诊断标准的重要组成部分,分期如下:

第一期:血压确诊到高血压病标准,无心、脑、肾并发症。

第二期:血压确诊到高血压病标准,且并发心、脑、肾任何一项病症者,但还在代偿状态。

第三期:血压确诊到高血压病标准,且并发下列任何一项病症等,像脑出血、左心衰竭、肾功能衰竭。

高血压的分类

高血压的分类有许多种，其中比较具有代表性的有以下两种：

依舒张压的高低来分

分为三类：轻度、中度及高度。轻度舒张压 90 ~ 104mmHg，中度舒张压 105 ~ 114mmHg，重度舒张压大于或等于 115mmHg。

依临床治疗上区分

还有一类是依高血压本身的状态来区分的，分为原发性高血压、续发性高血压二种，分别说明如下。

第一类：原发性高血压

原发性高血压占了所有高血压的 90%，真正原因不明，可能因为先天性的体质再加上后天环境影响，造成血压的升高。造成原发性高血压的原因可能不只一种，可能有压力、体重过重、缺乏运动，或是因为不良的饮食习惯，像是吃了太多油脂、吃得过咸，或是酒瘾、烟瘾过大而产生的。

第二类：续发性高血压

续发性高血压往往是由于某些疾病在发展过程中所产生的血压上升之情况，只要将这种原发病的问题给予治疗，就可以解决高血压的问题。

造成续发性高血压的原因可能有肾血管性的疾病、内分泌性的疾病如糖尿病、妊娠中毒症所引起的高血压，心血管疾病性的高血压，或是服用口服避孕药、诺美婷（减肥药）等。

高血压的症状

高血压常被称为"沉默的杀手"，因为早期高血压没有典型症状。大多数患者往往与高血压相伴多年，时间一久，未接受治疗的高血压患者病情会变得非常严重，甚至死亡。要判定是否有高血压，进行测量血压是最准确的方法。

大部分人认为随着年龄增长，收缩压和舒张压都会上升，尤其是收缩压。实际上收缩压与心血管的关系最为密切，所以诊断标准不应只是考虑年龄因素。除了到医院检查才可以判定高血压外，如果你有以下的自觉症状，那么就要小心注意，可能已经罹患高血压。像是轻微的症状，如失眠、耳鸣、容易疲劳、头晕等；到了高血压中期，则出现了下肢疼痛、手指麻木等；到了后期可能出现心脏疼痛、心慌，这时心脏已经受损，还会出现尿多而频繁、大小便失禁的现象，这时说明肾脏已经受损。当你有了某些轻微的症状时，就应该到医院检查，或定期测量血压，将高血压发生率降低到最小的程度，并且及早发现及早防治。

你是高血压候选人？

高血压是一种普遍的慢性疾病，却不容易察觉，是一个可怕的无声杀手，平时就要小心注意。现在，就先来检测你是不是高血压候选人。

□ 1. 家族中有人罹患高血压？

□ 2. 胆固醇或三酸甘油脂偏高？

□ 3. 是个糖尿病患者？

□ 4. 年龄在 40 岁以上？

□ 5. 喜欢口味重或是比较咸的食物？

□ 6. 平时不喜欢吃蔬菜水果？

□ 7. 三餐常常在外面吃?

□ 8. 属于久坐在电脑的办公室族群?

□ 9. 很少运动或是没有运动习惯?

□ 10. 超过标准体重?

□ 11. 平时喜欢喝酒?

□ 12. 平时有吸烟的习惯?

□ 13. 常常觉得生活压力大?

□ 14. 常常处于嘈杂、噪音的生活环境中?

□ 15. 常常憋尿或是常便秘?

□ 16. 长期在低温的环境下工作?

如果以上情形，打✔的项目愈多，表示你罹患高血压的机率愈大！如果超过十项以上，你就要特别小心谨慎了，很可能高血压已经悄悄找上你了。

影响高血压的因素

高血压有复杂的致病因子及合并症，而具体原因至今仍还在研究中，但是会罹患高血压的几大危险因子还是可以归列出三大原因，像是生理方面、环境方面和饮食习惯等。从这三大因素来看，就不难发现，谁是高血压候选人了。

生理方面

(1) 遗传：若父母亲或亲戚有高血压或心脏血管方面的疾病，罹患高血压的机率较大。

(2) 过胖：根据研究显示，肥胖者罹患高血压的机率是非肥胖者的两倍，如果你的体内蓄积了太多体脂肪，或你的 BMI（身体质量指数）＞ 27，那么就要小心

注意了。

(3) 年龄：随着年龄增长，血管也会跟着老化，血液无法顺畅流通，造成血管壁的压力增加。一般超过 60 岁就应该养成定期量血压的习惯。

环境因子

压力：根据研究显示，许多受过自然灾害、战争伤害的人，罹患高血压的机率比一般人高。根据临床统计，容易紧张、忧郁、焦虑的人，也是诱发高血压的重要因素。

饮食习惯

(1) 饮食中盐分摄取过多：摄取过多的盐（钠），会使血压上升，而且还会增加肾脏负担。世界卫生组织（WHO）建议每人钠的摄取量为 2.4 克，即是食盐 6 克，以控制高血压，如有耳鸣、浮肿、心力衰竭，或有急进型高血压者，食盐摄取量可在 1 克以下。

(2) 菸瘾过大者：有学者研究发现，吸一支普通的香烟，会使收缩压升高；长期大量的吸烟，会促使血管收缩，增加血管压力，造成高血压的危险。

(3) 酗酒：酒类热量过高，长期饮酒容易肥胖。根据资料显示，若每天饮酒酒精含量为 35 ～ 40 克，其收缩压大约增高 3 ～ 4mmHg，舒张压增高 1 ～ 2mmHg。而且饮酒会减少高血压药物的治疗效果，喝酒过多容易导致高血压，而有高血压的人更要戒酒。

高血压的并发症

如果血压居高不下，长期下来，一定会使人体的其他器官造成伤害，这时有可能会造成眼底病变、心脏病变、脑病变、肾脏病变……这些重要的器官一旦被损坏，就很难复原。所以，高血压并发症会严重威胁到人体的健康，不得不慎。

1. 眼底病变

血压过高，会使得微动脉硬化，动脉内壁会变厚、内腔变窄，视网膜小动脉无法幸免，患者会有视力逐渐模糊、眼底出血的情况。

2. 心脏病变

如果血压过高，末梢血管的阻力增加，心脏负荷过大，就会引起心脏扩大或是衰竭的危险性。而冠状动脉硬化也可能增加冠心病的发生率，以狭心症和心肌梗塞为代表，狭心症的患者会感到胸口有疼痛感，而心肌梗塞则是冠状动脉已经变窄，产生血栓，最后坏死。

3. 脑病变

脑血管疾病是全世界十大死因的第二位，据统计高血压患者死于脑血管病变的机率约为血压正常者的七倍。因为高血压引起的血管障碍，最常见的就是脑中风，脑中风又可分为脑溢血、脑栓塞。脑溢血可以指脑出血或蜘蛛网膜出血，脑出血多发生在肥胖型高血压患者的身上；蜘蛛网膜出血是由于先天性动脉瘤破裂，引起脑膜中的蜘蛛网膜和脑膜之间有出血的现象。

4. 肾脏病变

高血压造成动脉硬化的情形，会发生于肾脏动脉，由于肾脏动脉硬化而引

高血压与糖尿病的密切关系

　　高血压和糖尿病有着密不可分的关系。糖尿病患者的高血压发生率是非糖尿病患者的3～4倍，高血糖易使血液黏稠度增加，血液黏稠度增加会增大血流阻力产生附壁压力，促成高血压形成。

　　相对来说，高血压也是造成糖尿病患病率较高的重要原因之一。根据某项研究显示，发现糖尿病人中高血压发病率高达50%以上。所以，控制高血压有助于减慢糖尿病肾病肾小球滤过率降低的速度，因此，若是患了糖尿病，也应该采取必要措施预防高血压。

起的肾衰竭，如果不及时治疗，就会造成慢性肾功能不全或尿毒症。

预防高血压的六大要诀

　　控制高血压的首要目的在于稳定血压，如果是已经罹患高血压的人，必须配合医师的指导与维持良好的生活习惯。若已经具有高血压的危险因子，但还未罹患高血压的人就是必须要做好预防之道，尤其高血压是一种进展缓慢的疾病，如果不自觉地忽略，可能会导致严重的并发症。所以，如果能在高血压发生之前，做好有效的预防措施，就能减低高血压的发病机率。

1. 优质而健康的膳食结构

　　想要稳定血压，掌握良好的膳食结构绝对是不可或缺的一环。所以建议每天膳食应该多摄取优质蛋白，最好植物蛋白和动物蛋白各占一半，植物蛋白以大豆蛋白为优，动物蛋白以鱼、鸡、牛、猪肉与低脂牛奶等食材为佳。另外，

应该多摄取含钙丰富的食品，像是牛奶、豆类，还有新鲜蔬菜中的萝卜、黑木耳、西洋芹等。

另外，如饮食习惯口味较重的人，应改变这个习惯，并尽量少吃甜食多吃蔬果，尤其要限盐，因为限盐就可以限制摄入过多的钠，过多的钠离子会使血管阻力增高，导致血压增高。此外，吃盐过多也会使钠和钾的比值过高，呈现高钠、低钾的不良情况。含钾丰富的蔬果有海带、紫菜、香蕉等。

2. 少烟酒

少量饮酒对血压暂时没有很大的影响，但过度酗酒肯定会使血压上升。尤其高血压危险群的人，更不应该酗酒，如果少量饮一些葡萄酒，可促进血液循环，有助于血管扩张，会有暂时降低血压的状况，但是没多久血压就会反弹回升了。而且每天超过 50 毫升的白酒或是 100 毫升的红葡萄酒，会促使血压升高，为控制血压，一定要限制饮酒才行。

吸烟对人体的危害，还有引起的公害已经是众所皆知的事情。吸烟对高血压患者也是相当不利的，烟雾中的尼古丁会使人体组织释放儿茶酚胺，出现心跳加快、血压升高，还容易产生心肌缺氧，引起冠心病发作。为了健康着想，有吸烟的人要尽早戒烟。

3. 维持规律的生活习惯

要如何维持规律的生活习惯呢？就是每天生活作息正常，早睡早起，三餐定时定量。谨记"早餐吃得好、中餐吃得饱、晚餐吃得少"的饮食生活原则，保持充足的睡眠，不熬夜过度，也不贪睡懒觉，时时让身心保持在一个平衡的状态，多接触大自然以释放压力，减轻自己的心理负担，少让自己总是处于一个紧张、压力极大的状况。

4. 预防肥胖

肥胖虽非引发高血压的必然因素，但多项研究都证明肥胖或超重是血压升高的重要因素，肥胖的人患病率是同龄体重正常人的 2 倍。根据某医学研究报告，每减轻 10% 的体重，其收缩压即可下降 6.5mmHg。而且肥胖不只影响高血压，像是糖尿病、心肌梗塞都脱离不了关系。

如果，你的 BMI（身体质量指数）＞ 25，你可能就要减肥了。肥胖不只是影响美观而已，它还是引发慢性病的极大元凶之一。要预防肥胖应该要遵循以下两个原则：一、避免摄入太多热量，每摄入 7700 大卡就会增加 1 千克的体重，所以肥胖者应该控制每天可以摄入的热量；二、多运动，如果配合饮食与运动，每天减去 500 大卡的热量，一星期就可以瘦 0.5 千克。

5. 持之以恒的运动

运动能提高心肌运作能力，使心脏收缩力加强，改善肺部通气及换气机能，加快气体交换的速度，并能促进消化液的分泌，强壮整个消化系统的消化和吸收功能。运动也可改善腹腔内脏活动的机能，促进胃肠蠕动及血液循环，提高基础代谢率，有利于氧化燃烧掉多余的脂肪。

6. 加强心理建设与汲取预防知识

在高血压的防治过程中，充分了解高血压的预防知识是相当重要的。目前对高血压的治疗并无可彻底治疗的药物，但却能有效控制。尤其有高血压致病因素时就可以及早发现与预防，不要忧心忡忡、疑神疑鬼，时时怀疑自己有病，并不要常处在压力、好胜的环境下，也不要情绪起伏太大，应常常矫正自己的负面心态，用正确而乐观的心态多汲取预防与保健的知识，时时保持愉快的心情，适时释放压力，可以到户外多亲近大自然，放松一下，这样都可以降低高血压发生的机率。

Part 2
高血压GET OUT

有高血压的现象，往往是经年累月日渐形成的，大部分的人往往未察觉身体有任何异状。其实，高血压与日常生活的习惯有着密切关系，所以要防治高血压最好就是从日常生活居家保健着手，正确的生活方式对高血压患者具有一定的降压作用，同时也能起到辅助治疗的作用。

日常生活起居

1. 睡眠：高血压患者一定要保持充足的睡眠，如果是老年人每天大约睡6～8个小时。平时要放松可以在沙发上闭目养神，或利用中午时间睡个30分钟至1小时；晚上睡前不要做刺激性的活动或看影片，上床前用温水洗脚，可以促进血液循环；早上醒来，不要急于起床，可以在床上仰卧，活动一下四肢跟头部，再慢慢起床。

2. 御寒：冬天的血压会比夏天高是因为气候一寒冷，皮肤接触到冷空气时，周边的血管便会收缩，血压自然就会上升了。所以，在冬天时，最好能将室内温度维持在20℃，建议可以铺厚一点的地毯，或用暖气，而外出时记得要多添加衣服，并且戴上围巾与手套。

3. 保持良好的居家环境：在这个工商社会，什么都讲究快速、竞争，但是人如果处于一种紧张、快速的状态，会导致血压增高。一般来说，高血压患者室温应该在16～24℃间，而夏天可以在21～32℃之间。室内光线要充足与柔和，不要居住在嘈杂的环境，因为噪音容易使血压升高。

4. 养成良好的排便习惯：高血压患者比较适宜坐着排便，如果蹲着排便，只要一用力，血压就很容易上升，在厕所里引起脑出血、狭心症的个案不少，所以排便不能过于急躁、用力，最好平时就养成良好的排便习惯，有便秘的人要多吃粗纤维的食物，平时应多吃蔬菜、水果，多喝水、多运动，以促进胃肠蠕动。

5. 洗澡与洗脸：水温会刺激皮肤，引起周围血管的收缩与舒张，进而影响血压，所以每天洗脸、洗澡的水温不宜过热或过凉，一般来说，最好用30～

35℃的温水洗脸，至于洗澡水的温度，夏天为 38℃，冬天为 40℃左右。如果要入浴，就不要浸泡在水中太久，洗头时可以用手指头轻轻按摩头皮，以刺激神经末梢，通过大脑皮质促进血液循环，使头脑清醒，以舒缓紧张、松弛的状态。如果有高血压的人，想洗温泉浴，次数过多，容易引起洗澡疲劳的现象，所以，一天最好只泡洗一二次，每次入浴的时间，约 15 ~ 30 分钟为宜。

日常生活保健

1. 休闲娱乐：高血压患者不适合过太繁忙、紧张的生活，也不适宜有过多的压力，所以平时应该培养适当的娱乐，如果要下棋、打牌、打麻将，不宜过度熬夜，也不应该赌博，因为过于计较得失容易引起情绪激动，不利于控制血压。在睡前也不要看太过刺激的节目，以免让血压升高。平时多培养一些怡情悦性的兴趣与嗜好。根据研究显示，经常倾听、欣赏旋律优美、节奏平稳的音乐，有助于稳定血压；平时多学习书法、绘画也可以使心神安定、松弛神经、陶冶性情，达到降压效果。

2. 饮食规律、三餐节制：高血压患者应该谨记饮食规律的原则，早、晚餐都应该早点吃，而且要重质不重量。首先，应该营养充足，但不宜吃得过饱，以少量多餐为原则。料理上应该少油、少糖、少盐、少脂肪，平时可以在三餐之间吃点高纤面包、新鲜蔬果，平时应该细嚼慢咽，吃饭时尽量放松，保持愉快的心情。

3. 保持心境平和、学习正向思考：有些高血压患者，一旦确定自己罹病，便将所有的注意力与精神都集中在疾病身上，整日陷入担心、恐惧、悲伤、不安的情绪当中。建议高血压患者遇事要能"冷静"或"看开"，若是要避免

心理负担，建议多采取自然疗法，平时多培养一些爱好与兴趣，可以转移注意力，或是多参加一些公益活动，让生活变得更积极、更有意义。

4. 性生活：性生活会使心跳急遽加快，心脏的血压输出量增加，交感神经兴奋性会增强，这些变化都会导致血压增高。一般而言，高血压患者是可以有正常的性生活，性行为引起的血压升高只有短短几分钟，正常来说并不会影响人体的正常生理功能，在高潮过后也会很快恢复正常。但是，高血压患者还是应该依据自身的情况进行性生活。一般来说对第一期高血压患者不会发生危险，这类患者可以有节制地进行性生活；第二期高血压患者应该在每一次性行为前服一次降血压药，性行为次数每个月一两次为宜；第三期高血压患者血压持续升高，应该更有节制地过性生活，不宜过度兴奋，也不一定要达到高潮，这时可以用爱抚代替，以达到更理想控制血压的目的。

5. 旅游与搭车：旅行会有气候与舟车劳顿的状况，这种情况对高血压患者无疑是一种挑战，所以建议高血压患者要旅行时，一定要先做好评估与准备，不宜去太冷或太热的地方，也不宜去太远的地方，最好参加简单、便利的行程。平时要旅行最好跟团体，不宜单独贸然前行，而且平时应该带好降血压计和降血压药。高血压患者也不宜在上下班的尖峰时段搭车，以免时间卡紧、车厢内人多拥挤，造成情绪紧张，还有过大的心理压力。

适合高血压的运动

根据"美国医学会期刊"的一篇研究，如果年轻人可以常常保持良好的运动习惯，中年之后出现高血压的比例，可降低 21% ~ 28%。至于运动对于血压控制的正面效果，更是早已获得研究证实。

高血压患者平时可以做些适当的运动，而且应该以自身的特点来制定运动计划，在运动前应该向医生咨询自己的身体状况，要运动时要穿着舒适、吸汗的服装。至于运动项目以及运动方式的选择，则是要根据个人的年龄、病情与体力这些情况来定。通常，高血压的患者都是老年人，所以比较不适合选择太过剧烈或是体力负担太大的运动项目，可以选择的运动项目如下：

1. 太极拳：太极拳是中国武术的一种，大家都知道，太极拳是一种内家拳，它的基本功法松、沉、圆、匀、整，不但用于练拳，也可应用于为人处世之道，是一种动静结合、刚柔并济的养生方法。打太极拳时必须专心一致、心气平和，可以让血压趋缓，而且太极拳包含着许多协调性和平衡性的练习，练太极拳有助于改善高血压患者比较差的协调性与平衡性。

2. 游泳：长期游泳，不但能有效预防心脏病、高血压及关节炎等疾病，并能使心脏体积明显增大，收缩更有力，血管弹性增加，在强筋健骨、调节免疫力与改善新陈代谢都有更明显的功效。轻度高血压的患者，可以选择在温和的天气，作放松而舒缓的游泳，有助于降低血管平滑肌的敏感性，但若患有严重高血压者则比较不适合游泳。

3. 健走和慢跑：健走不受年龄、场合、健康状况的限制，好处多多，不但可以增强心肺功能，增加骨骼和肌肉的力量，促进四肢及脏器的血液循环，还能活化自律神经功能，增强免疫力，促进新陈代谢。健走一般能舒筋活络，行气活血，达到延年益寿的效果。慢跑也是不错的选择，可以提高身体的新陈代谢能力和增强机体免疫力、延缓衰老、促进胃肠蠕动、消除便秘，最适宜用在轻度高血压、肥胖症、糖尿病患者。

4. 爬楼梯和登山：爬楼梯可说是一种室内的登山运动，又不必出门被日

晒雨淋，只要放弃小小的便利，上楼不要搭电梯即可。爬楼梯随时随地皆可进行，不论你是在家中或是办公处所，在图书馆或是购物中心，只要找到楼梯就可开始运动。爬楼梯的过程中，人体的呼吸频率和脉搏次数必然加快，有助于排除身体累积的毒素和废物，增加肺活量；更能增加冠状动脉的血液流量，使心脏病发生的机率大大降低。而登山是回归大自然的最好方式，在大自然看群山云海，在森林里呼吸芬多精，登高顿觉心旷神怡，让人豁然开朗。登山亦可强健体质，使肺活量增加，促进血液循环，对于高血压、糖尿病等慢性病的防治都有很好的效果。

控制高血压的饮食秘诀

高血压是一种慢性疾病，对于轻型的高血压患者来说，如果养成良好的饮食习惯，对高血压的控制与治疗有事半功倍的效果，所以，高血压患者可以遵循以下食材的饮食原则。

高血压要选择适当的食材，搭配正确的烹调原则，才是健康的第一步。首先，先从最常见的食材选起。

1. 蛋奶类：蛋是蛋白质来源最均衡的，如果胆固醇不高的人，一天吃一两个也无所谓，但是高血压患者最好控制在一周少于两个，而奶类可以选择脱脂和低脂奶。

2. 鱼贝类：鱼类的选择以深海鱼为佳，像是鲑鱼、鳕鱼、鲔鱼、秋刀鱼，这些含有 ω-3 不饱和脂肪酸，可以对抗动脉硬化，鱼类避免使用高温油炸、油煎。

3. 大豆制品：大豆的营养价值可以媲美鱼肉，尤其它是吃素者的优良蛋白质来源。大豆还含有卵磷脂、异黄酮、纤维质等成分，只要烹调上避免过多盐，是可以多吃的。

4. 肉类及其他加工品：肉类可以视种类与部位而有其差别，高血压患者应选择瘦肉为宜，而加工过的腊肉、香肠、牛肉罐头均含有过多食盐，还是少吃为妙。

5. 蔬菜及水果：高血压患者应该多吃蔬菜水果，蔬果有丰富纤维质，可以促进胃肠蠕动，避免便秘，如果担心农药残留问题，最好选择有认证的蔬菜水果。

6. 五谷根茎类：人一天当中的热量需求，一半来自于糖类，糖类食物摄取很重要，但过多会产生肥胖，选择主食可以选择高纤而粗糙的食物，像是糙米、绿豆、红豆、燕麦、薏仁等。

高血压饮食的烹调秘诀

1. 食材新鲜，低油为主：一般可选用橄榄油以余烫、清炒、煮汤为宜，平时尽量选用新鲜食材，如猪牛羊肉、海鲜、蔬菜等，不要吃加工食品，或是高油脂、高热量的食物。

2. 清淡可口，低盐为主：在调味料的选择，要少用盐、酱油等含钠量高的调味品，可多利用九层塔、蒜、葱、洋葱、紫苏、青椒来调味。过咸的菜容易使米饭摄取过量，可选用低钠盐，多煮一些新鲜蔬菜，这样可以吃得比

较清淡。

3. 以蔬菜为主，摄取高纤维：平时烹调时可以多煮一些蔬菜，像十字花科的蔬菜，如高丽菜、花椰菜、大白菜等。

4. 少糖，利用特殊风味：许多中式料理和日本料理通常喜欢加糖和酱油，煮出又甜又咸的味道，如果烹调上少放点糖，整道菜的咸味就会出来，从预防肥胖来说，要尽量少吃甜食。

DASH饮食模式

　　DASH是Dietary Approaches to Stop Hypertension的缩写，早期是美国进行高血压研究计划所做的健康宣导，因为DASH简单易记，就如此简称。

　　DASH饮食模式以一天2000大卡的热量为基准，将盐分固定在中等限制下（增加钾、镁、钙等矿物质摄取量，控制钠的摄取量在每日3克），特别强调增加蔬菜、水果、或脱脂奶的摄取量，多摄取五谷杂粮类、鱼肉、鸡肉、坚果，少吃甜食、高盐、高油脂的食物。DASH简单易行，只要在三餐中谨记这些原则。

高血压的饮食宜忌

不良的饮食习惯是罹患慢性病的一大杀手，如果想吃得健康，必须从食物的选择下手。别怀疑，很多高血压患者都和饮食习惯息息相关。

高血压患者适合吃的食物

1. 新鲜蔬菜：高丽菜、番茄、苋菜、西洋芹、花椰菜、小黄瓜、菠菜等。

2. 新鲜水果：苹果、香蕉、柿子、葡萄柚、杨桃、金橘、菠萝、柳橙等。

3. 五谷杂粮：糙米、麦片、燕麦、绿豆、红豆、薏仁、坚果等。

4. 海鲜：新鲜虾子、螃蟹、花枝、蛤蜊、海带等含碘量高，能降血压。

5. 奶蛋类：优酪乳、低脂与脱脂鲜奶、羊奶、蛋类。

6. 油脂类：橄榄油、花生油、红花籽油、苦茶油。

7. 调味料：糖、蜂蜜、葱、姜、蒜、蜂蜜、甜菊叶、薄荷。

高血压患者不适合吃的食物

1. 酱菜及腌制菜：黄萝卜、酸梅干、榨菜、蔬菜罐头。

2. 奶类：全脂奶、乳酪。

3. 肉类及加工品：五花肉、肥肉、香肠、腊肉、火腿、咸鱼。

4. 速食：汉堡、薯条、泡面、炸鸡块。

5. 饮料：酒、咖啡、汽水。

6. 零食：咸面包、咸饼干、爆米花、蜜饯。

高血压四高四低的饮食秘诀

四高

高纤维：高血压患者要常食用高纤维食物，像是蔬果、五谷杂粮、豆类等。

高钙：研究显示高钙食物在调解血压方面扮演重要角色，比如奶制品、小鱼干、深绿色蔬菜等。

高钾：钾能促进胆固醇排泄，增加血管弹性，例如西洋芹、空心菜、香菇、菠菜、柿子、香蕉等。

高镁：血液中镁含量减低时，一种升血压的激素会引起血压增高。

四低

低钠：饮食中必须限制钠盐，每天摄取的的食盐应不超过6克为主。

低油：饮食中太多油脂容易肥胖，建议每天控制在25克以内。

低糖：糖本身对高血压危害并不是那么大，但如果吃过量，就容易肥胖，诱发糖尿病、高血压等慢性病。

低胆固醇：动物性内脏和肥肉含有较多胆固醇，容易使血管硬化，有诱发高血压和脑中风的危险。

高血压外食停看听

根据资料显示，目前外食的人口比例已经高达七成，显示国人营养摄取普遍不均衡。从早餐店开始，就充斥着高油脂与高热量的食物，像是夹肉的汉堡、锅贴、涂奶油的面包。而一般的上班族，常常是加班过后又吃宵夜，往往中午吃完炸排骨，晚上又吃盐酥鸡、卤味配汽水、啤酒……如果你又没有吃蔬菜水果的习惯，长期下来，身体必定缺乏了某些营养素。如果你是三餐老是在外的外食族，或是有高血压危险因子，亦或已经罹患高血压的人，谨记以下几个原则，让你吃得更健康：

1. 早餐尽量多选择高纤、低油脂、低糖的食物，像是五谷杂粮面包、全麦面条、蔬菜沙拉、现打蔬果汁。

2. 多选择蔬菜类食物，而且尽量吃蒸煮、水炒、凉拌食物，少吃烧烤食物。如果吃小火锅，沾酱则必须避免高油的沙茶酱。

3. 避免选择跟油脂组合的菜色，如炒饭、炒面、臭豆腐。还要避免西餐，西餐前菜中的大蒜面包或浓汤都是高盐高热量食物。

4. 避免去吃到饱的餐厅，最好选择有固定分量的餐厅，以免吃得太多。

5. 烹调方式尽量避免油炸、糖醋，可以的话，将看得到的肥皮、油脂去除，就能降低动物脂肪的摄取。最好不要去速食餐厅，因为像是汉堡、炸鸡、披萨、薯条这些东西，含钠量都非常高。

6. 如果遇到勾芡、羹类菜肴，尽量不碰汤汁，愈香浓的汤就表示可能加了愈多的鲜奶油、牛油及面粉，应该谢绝。如果要喝汤，选择愈清澈的汤汁愈好。

7. 如果想吃饭后点心，新鲜的水果与现打果汁是最佳选择，至于巧克力蛋糕、冰淇淋、布丁、乳酪蛋糕、爆米花这些最好要节制。

8. 如果遇到加工食品，像是罐头类的鱼肉、酱菜，或是火锅料的虾饺、鱼饺、贡丸，通常加了很多调味料及食盐，应该限制食用。

9. 如果遇到高油脂、高盐分的食物又很想吃的话，建议准备一个小碗盛上温水，将菜肴在温水中涮过再吃，或准备一个小碟子，让汤汁滴干再吃。

10. 很多人喜欢在吃完便当时，来杯汽水或是可乐，可乐和汽水加了糖类及二氧化碳的气体，不只容易发胖，还会影响营养的吸收。

Part 3
高血压6Q

医学专家说，高血压是百病之源，但是你了解高血压吗？你知道高血压可能不知不觉找上你了吗？很多人以为高血压是老年人和胖子的专利，真的是这样吗？以下就详细为你解答几个有关高血压的问题。

气温的变化会影响血压吗？

答案是肯定的，热胀冷缩的原理运用在人的血管上是相通的，在气温变化时也会热胀冷缩，血管在低温时会收缩导致血压上升，所以在冬天时，血压比较容易上升。有高血压的人，冬天不要忽然把手放进冷水中，室内一定要维持暖和，如果要外出，也一定要穿御寒的衣服。

高血压会遗传吗？

高血压与遗传有关。根据许多资料研究显示，父母高血压，孩子也容易得高血压。一般来说，与遗传因素有关的病例占半数以上。

早在三十多年前，日本京都大学就开始了白老鼠高血压实验。很多科学家已成功培育一种"遗传性自发高血压"老鼠，这种老鼠会把高血压的基因世世代代传承下去，也就是说老鼠的子孙100%会发生高血压。

原发性高血压和遗传有很大的关系，如果父母有高血压，或父母之一有高血压，其得到高血压的机率高出两倍。虽然高血压的遗传无法避免，但却可以通过日常生活的良好习惯做控制，平时多控制食盐的摄取，多运动，多吃蔬菜水果，不要长期处于压力太大的环境中，相信可以将高血压的发生率降到最低。

为何吃太多盐血压会上升？

钠是人体必需的矿物质营养素。体内的钠大多存在于血液及细胞外液，所以进入人体的食盐中所含的钠，扮演使水分滞留体内的角色，所以会使体液量（血液、组织液）增加。如果钠摄取量过多，就会使钠和水一起进入血管壁细

胞，使末梢之小动脉内壁膨胀，这时血管也因为紧张而使血管内腔变窄，让血压上升。

高血压有无自觉症状？

少数高血压患者在初期的时候会有一些自觉症状，这些自觉症状包括头重重的、头晕、耳鸣、呼吸不顺或肩膀酸痛等。但是这些症状还未明确证实是血压上升导致，如果给予降血压剂，血压也降了，症状也跟着消失了，那么就有可能是高血压的症状。

但很多高血压其实是没有任何症状的，有些人会头痛、耳鸣，有时是因为忧郁焦虑或是其他原因所造成的，但如果你是重度高血压，收缩压在200以上，比较容易会有头晕、头痛之自觉症状出现，但高血压的自觉症状虽然厉害，并不能因此判断这位高血压的患者情况严重，因为从临床经验里，许多轻度高血压都无症状，但极少数的病人在较轻度的时候就会有许多症状。

我年纪很轻，怎么血压也这么高？

有些18～21岁的青年，在健康检查时，发现血压很高，其中多数人属于非原发性高血压病，就是青年性高血压。年轻人得高血压，很多是因为疾病引起，例如肾炎，肾脏上长了某些肿瘤或肾脏的动脉血管过于狭窄，于是流入肾脏的血液大量减少，肾脏此时会产生一种升压素来增加流入肾脏的血量，血压因此就升高了。许多年轻人工作压力过大、情绪紧张、情绪激动，甚至换个陌生环境，都能使血压升高，必须等这一切都稳定了，血压才慢慢恢复正常，很可能就是"原发性高血压"的早期症状。

有高血压倾向的青年，可能是血压的暂时性增高，由于发育时间某些内分泌腺功能亢进，交感神经兴奋性增高所引起的，这种多见于体格成长得很快、身高增长迅速、情绪较容易激动的青年。有青年性高血压的年轻人，对自己血压的过分升高要十分注意，平时要善于克制自己的情绪，避免吸烟、吃太咸的食物，以免过早地诱发高血压。

但不管是什么原因引起的高血压，一定要及时寻找专业医生咨询，不要拖延、逃避，也不要着急、紧张，耐心配合医生，并接受适当的治疗。

我这么瘦，应该不会罹患高血压吧！

不要以为瘦子就不会得高血压，很多身材苗条的人吃东西往往没有禁忌，更对油炸、腌渍食物不加回避，而且常常吃宵夜。根据调查，瘦子高达六成有三高问题，罹患心血管疾病的机率不低于肥胖的人。

根据美国一项研究发现，瘦子在高血压的情况下，疾病的发展会比肥胖的人病情发展得更迅速。许多研究显示，患有血压高的压力，在相同的情况下，瘦子更容易出现心脏病发作和中风。因此，身材较瘦的人如果发现血压升高，应更要定期测量血压，控制血压，并选择专业的医生，在医生指导下，定期服用有效的抗血压药物。

瘦子如果罹患高血压，要比胖子更加注意，在心理素质方面，瘦子往往更容易急躁、激动。每当人情绪激动，血压也容易上升，而在降压治疗方面，药物在瘦子身上产生的疗效可能会比胖子差，如果不及时治疗，往往可能延误病情，加重高血压对动脉内膜的伤害。而且罹患高血压的瘦子，往往还伴有其他疾病，和患高血压的胖子相比，这些疾病可能会助纣为虐，加重心血管疾病的恶化。

Part 4
蔬果汁对症密码

高血压患者或想降低血压，除了饮食上限制钠之外，也避免高脂、高热量及甜食，多选用天然新鲜的食材，增加蔬菜水果的分量，多吃坚果类、五谷类的食物。如果要喝饮料，建议选择喝水、无糖茶饮或新鲜蔬果汁，尤其清晨醒来，为自己制作一杯新鲜的蔬果汁，可以调整体质，让血流更顺畅，预防动脉硬化，进而降低血压，轻松为健康加分。

饮用蔬果汁的五大健康功效

天然蔬果除了含有丰富的维生素、矿物质、纤维素外，近年来，科学家还研究出一种新兴的元素——植物化学物质，简称"植化素"，如类胡萝卜素、叶黄素、花青素、茄红素、杨梅素、鞣花酸等，这些植化素可以促进新陈代谢、降血脂、降血糖、预防癌症等，所以一天一杯蔬果汁，不仅可以补充维生素，还可以预防慢性疾病，并且充分享用蔬果的美味。

功效 1：补充三餐之外的营养素

现代人工作忙碌，常常三餐都在外面解决，很容易摄取过多的油脂，蔬果明显摄取不足。每天打一杯蔬果汁，营养又方便，而且平时我们摄取的蔬菜很容易在烹调中破坏维生素，蔬菜和水果生食可以保有酵素、维生素及纤维素，运用多种蔬果打成汁，巧妙搭配，可以摄取天然的营养素，让人保持充沛的活力。

功效 2：美容又瘦身

蔬果汁中含有丰富的维生素及植化素，像是柠檬、草莓、樱桃、番茄、大白菜、小黄瓜、胡萝卜、西洋芹……这些蔬果不仅可以美容养颜，还可以清除体内的毒素，避免脂肪的堆积，让人维持苗条的身材。

功效 3：可以预防慢性疾病

蔬果汁中含有蔬菜与水果的多种营养素，像是多种维生素 A、B、C、D、E 群等，尤其蔬果中的植化素具有多种功效，像是叶绿素可以抗氧化、预防老化，异黄酮素可以预防心血管疾病，茄红素可以抗癌，杨梅黄素可以降低血糖。而且美味的蔬果汁有助于放松身心，纾解压力，增加免疫力，可以改善心理与生理上的疾病。

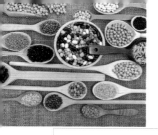

功效 4：维持血液酸碱平衡

现代养生意识抬头，大多数人开始重视血液酸碱平衡，少吃大鱼大肉已经成为现代人预防疾病的法则。而几乎所有的蔬果都是属于碱性食物，刚好可以调整现代人因为饮食及生活习惯不良所造成的体质变酸等问题。体质一酸，不只免疫力下降、皮肤粗糙，还会容易罹患各种疾病，所以每天早晨起来一杯蔬果汁可维持体内的酸碱平衡。

功效 5：新鲜方便，纾解压力的良方

自制蔬果汁，不但简单又方便，而且可以依自己的喜好调出新鲜又美味的果汁，不必担心有添加人工香料的问题。而且现代人压力大，罹患忧郁症的人很多，蔬果中的维生素 A 能有效抑制焦躁情绪，维生素 B 及 C 可以稳定激动的情绪，绿色蔬菜中的钙是天然的神经稳定剂，可以改善易怒、舒缓情绪。

聪明制作蔬果汁的十大贴士

制作一杯新鲜可口的蔬果汁其实非常简单方便，但是如果能遵循以下十大贴上，不只能增加蔬果汁的口感，也能保有蔬果的新鲜营养。

贴士 1：选择优质的有机蔬果

蔬果汁都是生食，所以最好选择没有经过农药污染的有机蔬果。

贴士 2：蔬果一定要彻底清洗干净

蔬果一定要正确清洗，才能将农药与灰尘清洗干净，可先用流动的水和柔软的海绵或软毛牙刷清洗表面，再浸泡 10 ～ 20 分钟，叶菜类要剥开清洗，有果蒂的蔬果较易沉积农药，应加强清洗。苹果的外皮含有丰富的纤维质，如果

清洗苹果不要削皮，又担心残留水蜡，可在清洗后，用刀将水蜡刮除。

贴士3：谨记蔬果削切原则

水果类需削皮就先削皮（如苹果、水梨），再用十字切法先切对半，并将蒂头与尾巴、果核去除，再切对半，再切成适当大小。如果是硬皮瓜果类（西瓜、菠萝）可先去蒂，再切半、去籽，再切对半，再对半，再用刀贴着皮，沿着果肉边缘，去皮取果肉，再分切成适当大小。如果是软皮瓜果类，像是木瓜，可以先去皮，再切对半，去籽，再切成适当大小。如果是叶菜类可以切成等量的段状，如果是根茎类像是胡萝卜、牛蒡，可以先削皮，再用水果切块或切条。

贴士4：蔬菜、水果巧妙搭配

将不同的蔬菜、水果一起搭配，可以充分摄取到维生素A、B、C、D，此外还能摄取到丰富的矿物质及纤维质，像是西洋芹与葡萄、高丽菜与菠萝、芦笋与奇异果……让口感及营养都加分。

贴士5：巧妙搭配蔬果颜色

可以选用同色系的蔬果，像是胡萝卜与番茄、芦笋与苦瓜，或是用相近色系的蔬果，像是蔓越莓与葡萄，或是不同色系像是花椰菜与柳橙，或是单一色系，这样就可以制作出红色系、透明色系、紫色系、绿色系、黄色系等缤纷多彩且不同层次的果菜汁，不只给视觉、味觉双重飨宴，也能摄取更多的营养与纤维质。

贴士6：添加五谷杂粮及辅助食材

五谷杂粮里像是核桃、杏仁、薏仁、芝麻、黑豆、红豆等，这些食材多含有丰富的维生素B群以及矿物质、纤维素。添加五谷杂粮不只增添风味，更是预防心血管疾病、降血压的好帮手。另外，低脂优酪乳、无糖豆浆都是高血压

患者很适合喝的饮料。

贴士 7：尽量缩短制作时间

制作蔬果汁时，时间愈长，蔬果汁的营养素也愈容易流失，尤其当蔬果放入果汁机中，只要看到蔬果的颗粒变细、均匀了，就可以马上倒出，保留新鲜及营养。

贴士 8：榨完尽速饮用

买回来的蔬果最好现榨，榨完以后里面含有的丰富营养素可能会随着时间、温度的变化慢慢流失，所以最好能在二十分钟以内饮用完毕。

贴士 9：蔬果渣也一起饮用

制作蔬果汁里面的果渣，千万不要因为它看起来颗粒粗、不好看就丢弃不喝，因为它里面丰富的纤维质可以清肠排毒、预防便秘，所以最好连果渣一起饮用。

贴士 10：天天喝，可以改善体质

蔬果汁里面丰富的营养与纤维质，可以改善现代人因为长期外食摄取蔬果的不足，也可以改善糖尿病患者血糖上升的浓度。只要制作方法正确，每天清晨起来喝一杯，就可以让身体增进免疫能力，远离疾病。

制作蔬果汁的必备工具

果汁机：果汁机速度分为强、中、弱三级，近年来愈来愈重视纤维价值，如果需要打果皮、谷类、坚果类，最好选择超强马力，瞬间能搅细，以保持蔬果新鲜营养的果汁机。此外，要选择好拆洗、更换的果汁机为宜。

果菜榨汁机：果菜榨汁机和一般果汁机最大的不同点，在于果菜榨汁机能将果汁和果渣分离，可以制作出口感较绵密的果菜汁，像是芦笋、苦瓜、苹果等。

自动榨汁机：榨汁机只要将水果剖半，就能将水果放在机器上，左右转动，挤出汁液，适用于葡萄柚及柠檬类水果。

挖球器：挖瓜类果肉用的挖刀，可方便将西瓜、哈密瓜这些硬皮瓜类的果肉等量挖出。

削皮器：削皮器可以削除一般薄皮水果的果皮，像是梨子、苹果、奇异果等。

菜刀、水果刀：长柄菜刀适合切体积较大的蔬果，像是西瓜、菠萝、苦瓜；水果刀适合体积中、小型的水果，像是苹果、梨子、番石榴等。

砧板：选择一个专门切蔬果的砧板，不要与切肉类的混在一起。

量杯：一般是有刻度计量的杯子，可以用来测量果汁容量，常用容量为1杯240毫升。

量匙：一组有4支，共分为1大匙、1小匙、1/2小匙、1/4小匙。

添加风味的食材

豆浆：选用无糖豆浆为佳，用豆浆来制作果汁，不但可以增添风味，更是爱美人士的护肤圣品。豆浆中所含的大豆固醇和钾、镁，是有力的抗钠物质，

可以预防高血压。

优酪乳：选用低脂或脱脂优酪乳为佳，美国哈佛大学研究发现，在那些每天饮 2～3 分或更多优酪乳的人中，高血压的发病率比那些不喝的人降低了50%。

大蒜：大蒜是烹调最佳佐料，又可杀菌、防癌、抗发炎。据澳洲某项研究发现，食用大蒜对人们降低血压有帮助，而且其效果佳。

姜：具有去腥和杀菌的作用，也是餐桌上不可或缺的佐料。姜所含的姜辣素，有驱寒、促进血液循环、排汗、健胃整肠的功效。

黑糖：黑糖是一种未经提炼的纯糖，经过研究证实，黑糖具有改善血管硬化的作用。选择黑糖不用选择外观太漂亮的，因为表面如果坑坑洞洞的，愈有可能是纯手工黑糖，精制程度低，会保留很多精制白砂糖及黄糖里所没有的矿物质。

松子：松子属于坚果类，加在果汁或烹调中，会散发松子特殊的香味。松子含有不饱和脂肪酸，可以预防心血管疾病，而且可以健脑益智、防老抗衰，一般的烘焙食品原料行都可以买到。

橄榄油：橄榄油被誉为地中海的液体黄金，西班牙橄榄油协会表示，橄榄油的不饱和脂肪酸的比例约达 77％，居各种食用油比例之冠。橄榄油无论是凉拌鲜果沙拉还是炒菜都很适合。

黑芝麻粉：黑芝麻无论是制作点心或饮料都可增添特殊的香气，而且黑芝麻比白芝麻具有温补五脏的效果，能美容、预防掉发，还能降低血压、预防血栓形成。

蔓越莓：蔓越莓又称小红莓，原产于仅限于美国北部的五个州及加拿大西南方，所以市面上的蔓越梅干和蔓越莓汁都是原装进口，吃（喝）起来酸酸甜甜的，蔓越莓中天然的花青素是预防泌尿道发炎的最佳良方。

薏仁：薏仁又名薏苡仁、苡仁、米仁等，薏仁清爽的口感很适合夏天制作甜品、饮料。薏仁不只可以使皮肤光滑、去

除斑点，对于降血脂、降血压也有很好的辅助治疗效果。

香菜：香菜就是芫荽，散发独特的香气，去除肉类的腥味。香菜能祛风解毒，利大肠、利尿。

肉桂粉（肉桂条）：肉桂独特而辛辣刺激的香味，不只适合用来泡茶，也可以添加在有牛乳或苹果的蔬果汁中。肉桂除了是很好的补益食品，泡肉桂茶还可以对高血压、高血脂有很好的辅助治疗效果。

有机酿造醋：天然有机醋可以排毒代谢，平衡血液的酸碱值，帮助消化，消除疲劳。

甜菊叶：甜菊叶的甜度是蔗糖的300倍，可作为代糖，取代高卡路里的砂糖。近年来更有研究发现，甜菊叶对糖尿病、高血压患者都有很好的辅助治疗效果，因而受到瞩目。

茉莉花：茉莉花淡淡的清香，能缓和紧张的情绪，和茶叶搭配，有增加口感及养颜美容的功效。茉莉花还可以醒脑提神、防癌抗癌，一般原料行及药店都买得到喔！

桂花：桂花在一般的原料行都买得到，产季是在八月，也可以自采新鲜的桂花，香气温和而不刺鼻，用在茶饮、果冻都很适合。桂花可除口臭、健肠整胃、缓和胃下垂及十二指肠溃疡症状，并能安定神经、亮肤润肤。

薰衣草：薰衣草具平衡身心的作用，可舒缓忧郁、焦躁的情绪，进而达到降压效果。

蒟蒻：蒟蒻又称"蒟蒻芋"，俗称"魔芋"、"雷公枪"，在果汁里加蒟蒻可以增加QQ的口感，还具有饱足感。蒟蒻含有丰富纤维素，因此能够帮助肠胃的蠕动，在日本有"胃肠清道夫"之称。

Part 5
以蔬菜为主角的
蔬果汁

现代医学研究指出，我们摄取的钾、钙、镁愈高，血压就愈不容易升高。蔬菜中钾含量高的除了西芹，还有胡萝卜、绿叶蔬菜等，有些黄绿色蔬菜也是钙质良好来源，绿叶蔬菜的含镁量也颇丰富。所以，新鲜蔬菜是降血压的好帮手，但应避免吃酱菜及腌制类蔬菜，它们含钠量过高，易使血压上升。

以蔬菜为主角的
蔬果汁

西兰花
Broccoli

西兰花菜
Broccoli

1. 西兰花综合果汁
2. 芹菜西兰花蔬菜汁

· 促进消化，降血糖
· 预防癌症，抗老化

西兰花

西兰花含丰富的蛋白质、碳水化合物、脂肪、矿物质、维生素C和胡萝卜素等,具有爽喉、开音、润肺、止咳、防癌的功效。

西兰花的营养功效

1.增强免疫力

西兰花含有丰富的抗坏血酸,能增强肝脏的解毒能力,提高机体免疫力。

2.保护血管

西兰花中的维生素K能维护血管的韧性,不易破裂。其中含有的类黄酮除了可以防止感染,还是最好的血管清洁剂。

3.防癌抗癌

西兰花富含微量元素硒和维生素C,同时也能供给丰富的胡萝卜素,起到阻止癌前病变细胞形成的作用,抑制癌肿生长。

4.降低血糖

西兰花与高纤维蔬菜能有效降低肠胃对葡萄糖的吸收,进而降低血糖,有效控制糖尿病的病情。

菜株亮丽,花蕾青绿、紧密结实

球茎大、凹凸少、分量轻

最佳营养搭配

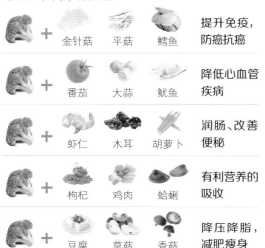

金针菇	平菇	鳕鱼	提升免疫,防癌抗癌
番茄	大蒜	鱿鱼	降低心血管疾病
虾仁	木耳	胡萝卜	润肠、改善便秘
枸杞	鸡肉	蛤蜊	有利营养的吸收
豆腐	草菇	香菇	降压降脂,减肥瘦身

西兰花食用方法

1.西兰花虽然营养丰富,但常有残留农药,还容易生菜虫。在吃之前,可将西兰花放在盐水里浸泡几分钟,菜虫就跑出来了,还有助于去除残留农药。

2.西兰花煮后颜色更加鲜艳,需注意的是,烫西兰花时间不宜太长,否则失去脆感,拌出的菜也会大打折扣。

3.西兰花焯水后,应放入凉开水内过凉,捞出沥净水再用,烧煮和加盐时间不宜过长,防癌抗癌的营养成分才不会流失。

Broccoli 1
西兰花综合果汁
促进消化，降血糖

TIPS

如果喝起来觉得果汁微酸，可以加点果寡糖增进口感；如果要当早餐喝，加点低脂鲜奶或低脂酸奶，也可以增加饱足感。

材料：

西兰花 3 ~ 4 小朵，苹果半个，圣女果 5 ~ 6 个，菠萝 2 片，柠檬汁、水 200 毫升

做法：

1. 西兰花洗净，分成小朵；苹果洗净、切块；圣女果洗净。
2. 将所有蔬果加入果汁机中，加入柠檬汁，加水搅打均匀即可。

Code

苹　果：苹果含丰富的钾，钾离子能有效保护血管，并降低高血压、中风的发生率。

柠　檬：柠檬富含维生素C和维生素P，能增强人体血管弹性，可预防高血压。

圣女果：圣女果的茄红素可以降低胆固醇，其中含有丰富的果胶可增加饱足感，更能帮助肠胃蠕动。

Broccoli 2

芹菜西兰花蔬菜汁

预防癌症，抗老化

TIPS
田园蔬菜汤可以选用三种以上不同颜色的蔬菜任意搭配，不宜再加太多味精与高汤。

材料：

芹菜 70 克，西兰花 90 克，莴笋 80 克，牛奶 100 毫升

做法：

1. 莴笋洗净去皮，切丁；芹菜洗净，切段；西兰花洗净，切小块。

2. 锅中注水烧开，倒入莴笋、西兰花，煮至沸，再倒入芹菜段，略煮片刻，至其断生，捞出沥干水分，待用。

3. 取榨汁机，选择搅拌刀座组合，倒入焯过水的食材；加入适量矿泉水；上盖，选择"榨汁"功能，榨取蔬菜汁；开盖子，倒入牛奶；盖上盖，再次选择"榨汁"功能，搅拌均匀。

4. 揭盖，将搅拌匀的蔬菜汁倒入杯中即可。

Code

西兰花：属十字花科的蔬菜，其中的维生素K是保护血管的营养素。

胡萝卜＆白萝卜
Carrot ＆ Radish

胡萝卜＆白萝卜
Carrot & Radish

1.胡萝卜包菜汁

2.胡萝卜豆浆

3.胡萝卜蔬果汁

4.胡萝卜梨汁

5.芹菜白萝卜汁

6.蜂蜜白萝卜汁

7.白萝卜姜饮

· 美容养颜，降血压

· 清肠排毒，预防癌症

· 降血压，降血糖

· 清肠排毒，预防癌症

· 清热解毒，降血压

· 帮助消化，降血压

· 帮助消化，降血压

胡萝卜

胡萝卜含有胡萝卜素、维生素、叶酸、氨基酸、甘露醇、木质素、果胶、挥发油等营养成分,对脾虚消化不良、食积胀满导致的失眠、焦躁有一定的缓解作用。

胡萝卜的营养功效

1.增强抵抗力。胡萝卜中的木质素能间接消灭癌细胞。

2.降糖降脂。降低血脂,促进肾上腺素的合成,还有降压、强心作用,是高血压、冠心病患者的食疗佳品。

表面会有凹凸不平

根呈球状或圆锥状

最佳营养搭配

 +

羊肉　红枣　冰糖　　暖胃补虚、祛风除寒

 +

海带　冬瓜　排骨　　调顺肠胃、排毒瘦身

白萝卜

白萝卜含有葡萄糖、蔗糖、果糖、腺嘌呤、精氨酸、胆碱、淀粉酶、B族维生素等营养成分,其所富含的纤维素可促进胃肠蠕动,加速新陈代谢,对高血压有食疗作用。

白萝卜的营养功效

1.增强免疫力。抑制癌细胞的生长,对预防癌、抗癌有重要意义。

2.保护肠胃。促进胃肠液分泌的作用,能让肠胃达到良好的状况。

叶片翠绿新鲜
连接处没有缝隙或发黑
根须痕迹不明显
色白感觉有弹性

 + 海带　排骨　生姜　　消食利尿、防病御寒

 + 羊肉　冰糖　山楂　　驱散寒冷、温暖心胃

Carrot & Radish 1

胡萝卜包菜汁

美容养颜，降血压

TIPS

此道果汁也可以加入一点绿色蔬菜，像是上海青、菠菜，更添营养美味。

材料：

胡萝卜 1 条，包菜 30 克，水 200 毫升

做法：

1. 胡萝卜洗净、切块；包菜洗净、撕片、备用。
2. 将做法 1 倒入果汁机中，搅打均匀即可。

Code

胡萝卜：胡萝卜的 β 胡萝卜素有治疗夜盲症、保护呼吸道和促进儿童生长等功能。

包　菜：包菜中钙、铁、磷的含量在各类蔬菜中名列前五名，尤其以钙的含量最丰富。根据研究显示，包菜中还含有较多的微量元素锰，锰可以促进人体骨骼发育，维持人体正常代谢。

Carrot & Radish 2
胡萝卜豆浆
清肠排毒，预防癌症

材料：

胡萝卜半条，苹果半个，柠檬2片，豆浆150毫升，水适量

做法：

1. 将胡萝卜与苹果洗净、切块，柠檬洗净、榨汁。
2. 做法1倒入果汁机中，加入豆浆及水，搅打均匀即可。

Code

苹　果：苹果中的果胶、杨梅素能刺激胃肠蠕动，预防癌症。且苹果皮中所含的抗氧化剂，对防止心脏病及高血压等均很有效。

柠　檬：柠檬中富含的维生素C与丰富的黄酮类，可以化痰止咳，增强免疫力，提高记忆力。

Carrot & Radish 3
胡萝卜蔬果汁
降血压，降血糖

TIPS

西芹叶中的β胡萝卜素和维生素C含量都比茎丰富，如果不介意苦涩味，是可以一起榨汁食用的。

材料：

胡萝卜1条，苹果半个，菠菜50克，西芹30克，柠檬2片，水200毫升

做法：

1. 将蔬果洗净，胡萝卜、苹果去皮切块，菠菜、西芹切段，柠檬榨汁。
2. 将做法1加入果汁机中，搅打均匀即可。

Code

菠　菜：菠菜中大量的铁质可增加红血球中血红素生成，预防贫血，适量食用还会刺激胰腺分泌，有助血糖之代谢，很适合糖尿病与高血压患者食用。

西　芹：西芹能健胃、利尿，丰富的膳食纤维能预防便祕，还有助于降低高血压与预防癌症。

Carrot & Radish 4
胡萝卜梨汁
清肠排毒，预防癌症

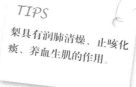

材料：

雪梨 150 克，胡萝卜 70 克

调料：

蜂蜜 10 克

做法：

1. 将雪梨去皮，切小块，胡萝卜切丁。
2. 取榨汁机，把切好的材料放入榨汁机搅拌杯中。
3. 加适量矿泉水，榨出蔬果汁。
4. 断电后揭盖，加入蜂蜜，盖上盖子，通电后再搅拌一会儿。
5. 断电后将榨好的蔬果汁盛入杯中即可。

Code

雪　梨：含苹果酸、柠檬酸，维生素B$_1$、B$_2$、C，胡萝卜素等，具生津润燥、清热化痰之功效，特别适合秋天食用。

Carrot & Radish 5
芹菜白萝卜汁
清热解毒，降血压

TIPS
芹菜的纤维较粗，应切得碎一些，以节省榨汁时间。

材料：
芹菜 45 克，白萝卜 200 克

做法：
1. 将洗净的芹菜切成碎末状。
2. 洗好去皮的白萝卜切片，再切成条，改切成丁，备用。
3. 取榨汁机，选择搅拌刀座组合，倒入切好的芹菜、胡萝卜。
4. 注入适量温开水，盖上盖。
5. 选择"榨汁"功能，榨取蔬菜汁。
6. 断电后往过滤网上倒出蔬菜汁，滤入碗中即可。

Code

白萝卜：白萝卜含有芥子油、有机酸、淀粉酶、粗纤维和多种矿物质、维生素，具有清热解毒、健脾养胃等功效。

蜂蜜白萝卜汁

帮助消化，降血压

材料：

白萝卜 300 克，水 200 毫升

调味料：

蜂蜜少许

做法：

1. 白萝卜洗净、切小块，加入果汁机中。
2. 加入适量冷开水和蜂蜜，用果汁机搅拌均匀即可。

Code ——————

白萝卜：白萝卜含有木质素，能提高巨噬细胞的活力，强化身体免疫功能，常吃还可以稳定血压。

Carrot & Radish 7
白萝卜姜饮
帮助消化，降血压

TIPS
白萝卜为寒凉蔬菜，体质偏寒或是容易腹泻者不宜多食。加点姜可以散寒，但姜吃太多会使血压上升，所以在这里不宜加太多姜片。

材料：

白萝卜200克，生姜2片，黑糖10克

做法：

1. 白萝卜切块，生姜切片。
2. 做法1放入锅中，再加入黑糖用小火煮约10分钟即可。

Code

姜：热量很低，并含丰富的钾，不但有杀菌解毒的作用，还能刺激胃黏膜与血液循环，更具活血化瘀、舒缓感冒不适及抑制癌细胞活性等功效。

白萝卜：白萝卜含有多种酶，能分解致癌的亚硝酸胺，以致预防癌症，常吃还可降低血脂、稳定血压。

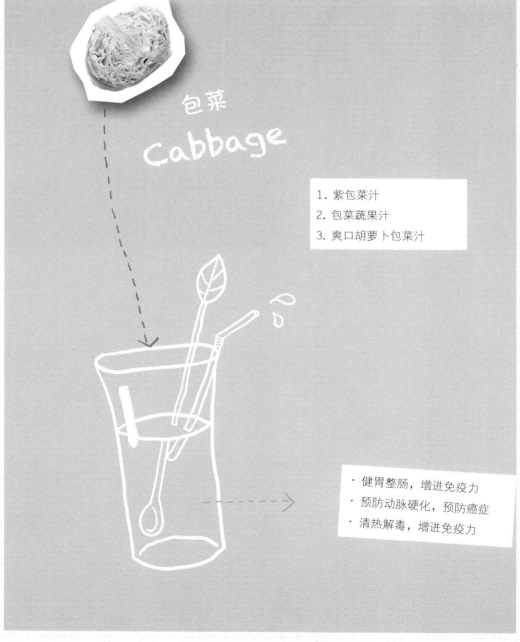

包菜
Cabbage

包菜
Cabbage

1. 紫包菜汁
2. 包菜蔬果汁
3. 爽口胡萝卜包菜汁

· 健胃整肠，增进免疫力
· 预防动脉硬化，预防癌症
· 清热解毒，增进免疫力

包菜

包菜含蛋白质、脂肪、碳水化合物、维生素、粗纤维及铁、钾、钙等多种矿物质,具有润脏腑、壮筋骨、清热止痛、促进消化等功效,对睡眠不佳、皮肤粗糙等病症有食疗作用。

包菜的营养功效

1.保护胎儿

包菜富含叶酸,而叶酸对巨幼细胞贫血和胎儿畸形有很好的预防作用。

2.促进伤口愈合

包菜富含维生素U,维生素U对溃疡有很好的治疗作用,能加速溃疡的愈合,还能预防胃溃疡恶变。

3.防癌抗癌

包菜中含有丰富的吲哚类化合物。实验证明,"吲哚"具有抗癌作用,可以避免人类罹患肠癌。

4.促进消化

多吃包菜,可增进食欲、促进消化、预防便秘。圆包菜也是糖尿病和肥胖患者的理想食物。

切口新鲜、叶片紧密有沉重感

以平头形、圆头形为好

最佳营养搭配

包菜 +	西红柿	胡萝卜	辣椒	促进血液循环
包菜 +	香菇	牛肉	猪肉	健胃补脑、强身生津
包菜 +	玉米	豆芽	黑木耳	补充营养、通便
包菜 +	鲤鱼	海带	荸荠	改善妊娠水肿
包菜 +	五花肉	辣椒	生姜	开胃消食、增强抵抗

如何选购包菜

以平头形、圆头形质量好,这两个品种菜球大,也比较紧实,芯叶肥嫩,出菜率高,吃起来味道也好。相比之下,尖头形较差。

在同类型包菜中,应选菜球紧实、硬实的。同重量时体积小者为佳。如果购买已切开的包菜,要注意切口必须新鲜,叶片紧密,握在手上,感觉十分沉重。

Cabbage 1
紫包菜汁
健胃整肠，增进免疫力

TIPS
如果喜欢温和的味道，可以加点牛奶或低脂豆浆，多点营养，美味加分。

材料：

紫包菜 100 克，苹果半个，柠檬 2 片，水 200 毫升

做法：

1. 蔬果洗净。紫包菜撕成小片；苹果切块；柠檬榨汁。
2. 将做法 1 加入果汁机中，加水搅打均匀即可。

Code

紫包菜：含有丰富的硫元素，可预防各种皮肤瘙痒，经常吃紫包菜，能轻易满足身体对纤维素的需求，降低血中胆固醇，促使肠胃功能健全。

Cabbage 2
包菜蔬果汁
预防动脉硬化，预防癌症

材料：

包菜 100 克，西芹 50 克，苹果半个，橙子 1/4 个，水 200 毫升

做法：

1. 蔬果洗净。包菜撕成小片；西芹切段；苹果、橙子切块。
2. 将做法 1 加入果汁机中，加水搅打均匀即可。

Code

西 芹：西芹中含有挥发油、维生素 P，可增强血管弹性，有利尿、降血压与防止动脉硬化等功能。

苹 果：苹果是一种碱性食物，具有促进淋巴系统功能的效果，也是血液净化剂，受低血压或动脉硬化疾病所苦的人可多吃苹果。

Cabbage 3
爽口胡萝卜包菜汁
清热解毒，增进免疫力

TIPS
如有甲状腺功能低下的患者，不宜食用太多包菜，会影响碘的吸收。

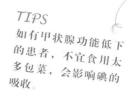

材料：

胡萝卜 120 克，包菜 100 克，芹菜 80 克，柠檬 80 克

做法：

1. 包菜洗净切小块，芹菜洗净切粒，胡萝卜洗净去皮切成丁。

2. 锅中注水烧开，倒入包菜。煮半分钟至软。捞出，沥干备用。

3. 取榨汁机，选择搅拌刀座组合，倒入包菜、胡萝卜、芹菜。加入适量矿泉水。

4. 盖上盖，选择"榨汁"功能，榨取蔬菜汁。

5. 把榨好的蔬菜汁倒入杯中，挤入柠檬汁，搅拌均匀即可。

Code

包　菜：包菜含有维生素、胡萝卜素、叶酸和钾等营养成分。中医认为，包菜性平，味甘，有利五脏、调六腑、清热解毒的功效。

西芹
Celery

西芹
Celery

1. 西芹番石榴汁
2. 西芹蔬果汁
3. 西芹蜂蜜汁
4. 番石榴西芹汁

· 降血脂，降血糖
· 美容养颜，降血糖
· 降血脂，降血糖
· 美容养颜，降血糖

西芹

西芹含有丰富的维生素A、钙、铁、磷等营养物质，还含有蛋白质、甘露醇和膳食纤维等成分，有清热、平肝、健胃和降血脂的作用，还能保持肌肤健美和改善女性生理周期的不调与更年期障碍。

西芹的营养功效

1.平肝降压。芹菜含酸性的降压成分，对兔、犬静脉注射有明显降压作用。临床对于原发性、妊娠性及更年期高血压均有效。

2.镇静安神。芹菜中含有一种碱性成分，对动物有镇静作用，对人体能起安定作用，有利于安定情绪，消除烦躁。

3.养血补虚。芹菜含铁量较高，能补充妇女经血的损失，食之能避免皮肤苍白、干燥、面色无华，而且可使目光有神，头发黑亮。

4.防癌抗癌。芹菜是高纤维食物，经肠内消化作用产生一种叫木质素或肠内脂的物质，它是一种抗氧化剂，高浓度时可抑制肠内细菌产生的致癌物质。它还可以加快粪便在肠内的运转时间，减少致癌物与结肠粘膜的接触，达到预防结肠癌的目的。

叶身新鲜平直、叶子新鲜嫩绿

最佳营养搭配

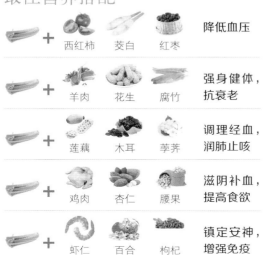

西芹 +	西红柿	茭白	红枣	降低血压
西芹 +	羊肉	花生	腐竹	强身健体，抗衰老
西芹 +	莲藕	木耳	荸荠	调理经血，润肺止咳
西芹 +	鸡肉	杏仁	腰果	滋阴补血，提高食欲
西芹 +	虾仁	百合	枸杞	镇定安神，增强免疫

西芹的选购、存储和食用

选购：芹菜新鲜不新鲜，主要看叶身是否平直，新鲜的芹菜是平直的。存放时间较长的芹菜，叶子尖端就会翘起，叶子软，甚至发黄起锈斑。

存储：烹调前不要放置过久，一般储存不超过2天。将西芹放进装一点水的水盆里，然后放入冰箱里保存，可保存很长时间。

食用：将西芹先放沸水中焯烫(焯水后要马上过凉)，除了可以使成菜颜色翠绿，还可以减少炒菜的时间，来减少油脂对蔬菜"入侵"的时间。

Celery 1
西芹番石榴汁
降血脂，降血糖

TIPS
每天饮用西芹汁，有助于改善高血压。西芹生吃的降压效果会比熟食好。

材料：

西芹 100 克，番石榴 1 个，水 200 毫升

做法：

1. 蔬果洗净。西芹切段；番石榴切块。
2. 将做法 1 加入果汁机中，加水搅打均匀即可。

Code

西 芹：钾离子含量高，能协助降低血压，也能辅助加速体内尿酸的排泄，舒缓痛风，同时铁的含量也高，很适合缺铁性贫血的人食用。

番石榴：含有丰富的钾，可以预防高血压，特有的碱性涩味能协助制止胃酸发酵，适量食用能有助强脾、健胃、整肠、止泻。

Celery 2
西芹蔬果汁
美容养颜，降血糖

材料：

西芹 100 克，包菜 50 克，苹果半个，菠萝 2 小块，水 200 毫升

做法：

1. 蔬果洗净。西芹切段，包菜撕片，苹果切块。
2. 将所有蔬果放入果汁机中，加水搅打均匀即可。

Code —————

苹　果：可以辅助健胃整肠，吸收肠道内多余的水分，适量食用苹果可达到止泻效果，协助维持肠胃道自然的排泄功能。

Celery 3
西芹蜂蜜汁
降血脂，降血糖

材料：

西芹 50 克，蜂蜜 50 克

做法：

1. 洗净的西芹切小段。
2. 取备好的榨汁机，倒入切好的西芹。
3. 放入少许蜂蜜，注入适量纯净水，盖好盖子。
4. 选择"榨汁"功能，榨取蔬菜汁。
5. 断电后倒出蔬菜汁，装入杯中即成。

Code

蜂　蜜：蜂蜜含有葡萄糖、柠檬酸、乳酸、丁酸、甲酸、苹果酸、镁、铁、铜等营养成分，具有生津止渴、润肺开胃、润肤增白等功效。

Celery 4
番石榴西芹汁
美容养颜，降血糖

材料：

番石榴 150 克，西芹 100 克

做法：

1. 西芹切成段，汆水断生，番石榴切小块。
2. 取榨汁机，将西芹、番石榴倒入榨汁中。
3. 倒入适量矿泉水，选择"榨汁"功能，榨取番石榴西芹汁。
4. 把榨好的果蔬汁倒入玻璃杯中即可。

Code

西　芹：西芹含有维生素、蛋白质、膳食纤维及钙、铁、磷等营养成分，能增加血管壁的韧性，增强其抗压性，对高血压有食疗作用。

石莲花
Houseleek

石莲花
Houseleek

· 石莲花蜜汁

· 提神醒脑，降血压

Houseleek
石莲花蜜汁
提神醒脑，降血压

TIPS

石莲花是天然疗效食物，具有辅助治疗慢性病的效果，但不宜当降血压药物而食用过量，若生病了还是要请教专业医生。要打石莲花蜜汁也宜选择较天然的纯蜜（市售价格较高）。

材料：

石莲花 6 片，柠檬汁少许

调味料：

蜂蜜适量

做法：

石莲花洗净，加入柠檬汁与蜂蜜，用果汁机搅打均匀即可。

Code

石莲花：为景天科，富含蛋白质与多糖类，能辅助提高机能免疫作用，调节生理机能并协助抑制癌细胞。

红薯叶
Sweet Potato Leaves

红薯叶
Sweet Potato Leaves

红薯叶橙子汁

· 清肠排毒，预防癌症

红薯叶

红薯叶的营养丰富,含有的类胡萝卜素含量比普通胡萝卜高3倍,而且它还具有很好的食疗作用,经常食用有预防便秘、保护视力的作用,还能保持皮肤细腻、延缓衰老。

红薯叶的营养功效

1.排毒

红薯叶含丰富的叶绿素,能够净化血液,帮助排毒。

2.预防高血压

红薯叶富含钾,有助血压控制,预防高血压。

3.改善便秘

红薯叶含丰富的膳食纤维,可促进肠胃蠕动,预防便秘及痔疮。

4.强化视力

红薯叶含有丰富的维生素A,可增强视力。

5.防癌抗癌

红薯叶含有丰富的多酚,能预防细胞癌变。

页面多叉、略带暗红色
茎干嫩绿新鲜

最佳营养搭配

+	冬瓜	番茄	小米	解渴除烦,清肺热
+	大蒜	花生	辣椒	提高机体免疫力
+	大米	虾米		安神、补钙、养血
+	松花蛋	火腿	大蒜	排毒、增强抵抗力
+	黑木耳	大蒜		减肥、排毒、补血

红薯叶的选购与存储

选购:红薯叶新鲜不新鲜,主要看茎杆是否老,叶子是否鲜嫩,是否出现枯黄。茎杆脆嫩、叶子嫩绿、略带暗红色的则佳。

存储:新鲜红薯叶需冷藏尽快吃。若想较长久保存,可以放入压缩袋,放进冰箱冷藏。

Sweet Potato Leaves
红薯叶橙子汁
清肠排毒，预防癌症

材料：

红薯叶 50 克，橙子 1 个

调味料：

蜂蜜少许

做法：

1. 红薯叶洗净、切段；橙子洗净、去皮切片。
2. 做法 1 加入果汁机中，加入蜂蜜搅打均匀即可。

Code

红薯叶：富含花青素与多酚，对于辅助预防老化及抑制癌细胞生成有不错的效果。

橙　子：含丰富的膳食纤维、磷、苹果酸，可帮助排便，辅助对抗肿瘤、预防血栓，其橙子果皮还可协助化痰止咳。

上海青
Bok Choy

上海青
Bok Choy

1. 上海青蜜奶
2. 上海青菠萝苹果汁

· 美容养颜，降血压
· 预防癌症，降血压

上海青

上海青富含钙、铁、胡萝卜素和维生素C，对抵御皮肤过度角质化大有裨益，可促进血液循环、散血消肿，是中老年人和身弱体虚者的食用佳品。

上海青的营养功效

1.润肠通便

上海青中含有大量的植物纤维素，能促进肠道蠕动，增加粪便的体积，缩短粪便在肠腔停留的时间，从而治疗多种便秘，预防肠道肿瘤。

2.防癌抗癌

上海青中所含的植物激素能够增加酶的形成，对进入人体内的致癌物质有吸附排斥作用，故有防癌功能。

3.降低血脂

上海青为低脂肪蔬菜，且含有膳食纤维，能与胆酸盐和食物中的胆固醇及甘油三酯结合，并从粪便排出，从而减少脂类的吸收，故可用来降血脂。

颜色鲜嫩，无烂黄叶、无病虫害

最佳营养搭配

+	香菇	胡萝卜	辣椒	增强免疫、预防癌症
+	虾仁	排骨	瑶柱	促进钙吸收
+	鸡肉	猪肉	鸡蛋	保肝护肝
+	豆腐	金针菇	西兰花	止咳平喘
+	黑木耳	银耳	蚝油	促进消化、清热润燥

上海青的选购、存储、食用

选购：选择茎短、叶肉较厚实，呈深绿色者。

存储：同其他绿叶蔬菜相比，可以保存更长时间。冷藏的时候，用潮湿的纸将油菜包裹好，放入冰箱内成竖直状态摆放，但也不宜时间过久。

食用：要先放入洗涤液或淘米水中浸泡，再用清水冲洗。现切现做，急火快炒，既能保持口感鲜脆，又能保证营养成分不被破坏。

Bok Choy 1
上海青蜜奶
美容养颜，降血压

材料：

上海青 1 株，小黄瓜 1 条，鲜奶 200 毫升

调味料：

蜂蜜少许

做法：

1. 上海青、小黄瓜洗净、切段，放入果汁机中。

2. 做法 1 倒入鲜奶，加入蜂蜜搅打均匀即可。

Code

上海青：含有辅助维持生理机能和美容效果的维生素 B 群，同时也有助促进体内酸碱平衡，与辅助强化新陈代谢机能。

小黄瓜：小黄瓜热量低，很适合减肥时食用，而丰富的钾亦能协助促进体内废物与盐分的排除，同时能辅助降血压。

Bok Choy 2
上海青菠萝苹果汁

预防癌症，降血压

TIPS

菠萝酸性较高，如果有胃溃疡或是过敏体质的人，建议可以不加菠萝，或用酸奶代替。

材料：

上海青1株，菠萝2片，苹果半个，水200毫升

调味料：

蜂蜜少许

做法：

1. 所有蔬果洗净，苹果切块备用。
2. 将做法1放入果汁机中，再加入蜂蜜搅拌均匀即可。

Code

上海青：含有大量纤维质，有助促进肠胃蠕动、防止心脏病、高血压、大肠癌、痔疮等文明病的发生机率。

菠　萝：含有核黄素、类胡萝卜素、硫胺素等，适量吃菠萝可辅助维持血压平衡，协助舒缓支气管炎、酒醉等不适症状。

苋菜
Amaranth

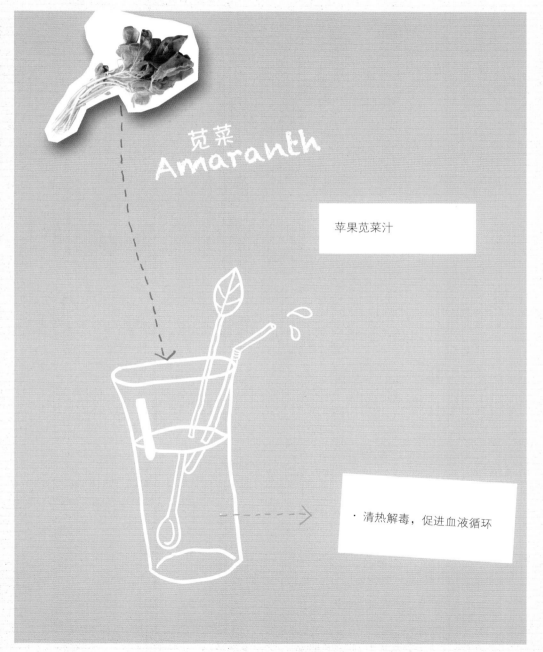

苋菜
Amaranth

苹果苋菜汁

· 清热解毒，促进血液循环

苋菜

苋菜含有苹果酸、钙、磷、铁、胡萝卜素、B族维生素等营养成分,有清热解毒、消肿止痛的作用。此外,苋菜还含有较多的钾,能促使血管壁扩张,阻止动脉管壁增厚,从而起到降血压的作用。

苋菜的营养功效

1.清热解毒

苋菜清利湿热,清肝解毒,凉血散瘀,对于湿热所致的赤白痢疾及肝火上炎所致的目赤目痛、咽喉红肿不利等,均有一定的辅助治疗作用。

2.增强体质

苋菜中富含蛋白质、脂肪、糖类及多种维生素和矿物质,其所含的蛋白质比牛奶更能充分被人体吸收,所含胡萝卜素比茄果类高2倍以上,可为人体提供丰富的营养物质,有利于强身健体,提高机体的免疫力,有"长寿菜"之称。

3.防止肌肉痉挛

能维持正常的心肌活动,促进凝血,增加血红蛋白,并提高携氧能力,促进造血等功能。

叶片卵形或披针形,绿色或常成红色,紫色或黄色,或部分绿色加杂色

茎粗壮,绿色或红色,常分枝

最佳营养搭配

猪肝	瘦肉	生姜	增强抵抗力
鸡蛋	面粉	芝麻	活血降火、强身健体
平菇	大蒜		降低血糖、防治贫血
豆腐	大蒜	芝麻	去火利尿、增强抵抗
虾	枸杞	生姜	清热活血、益气健体

苋菜的选购和存储:

挑选苋菜的时候,应选择叶片新鲜的,无斑点、无花叶,一般来说叶片厚平、茎杆不硬的比较嫩。

苋菜的储存期不宜长在7℃以下,会发生冷害。购买后需快速预冷,将温度降至15℃以下,最好能于8~10℃储存,储存后避免长期冷凝水附着叶面,否则叶面极易腐烂。

Amaranth
苹果苋菜汁
清热解毒，促进血液循环

材料：

苋菜 200 克，苹果半个

调味料：

蜂蜜少许

做法：

1. 苹果、苋菜洗净，放入果汁机中。
2. 做法 1 加入蜂蜜，用果汁机搅打均匀即可。

Code ———————

苋　菜：苋菜中富含蛋白质、钙与铁且不含草酸，很容易被人体吸收，可协助促进排毒、辅助提高血中含氧量与儿童生长发育，很适合孕妇与贫血的人食用。

黄瓜
Cucumber

黄瓜
Cucumber

1. 黄瓜水梨汁
2. 黄瓜苹果纤体饮

· 润肠通便，稳定血压
· 生津开胃，排毒瘦身

黄瓜

黄瓜含有丰富的营养元素,包括果糖、挥发油、黄瓜酶等,其中以苦味素的含量最为丰富。苦味素对于消化道炎症具有独特的功效,可刺激消化液的分泌,增加肠胃动力,有清肝利胆、安神的功能。

黄瓜的营养功效

1.抗衰老

黄瓜中含有丰富的维生素E,可起到延年益寿、抗衰老的作用。黄瓜中的黄瓜酶有很强的生物活性,能有效地促进机体的新陈代谢。

2.降血糖

黄瓜中所含的葡萄糖甙、果糖等不参与通常的糖代谢,故糖尿病人以黄瓜代淀粉类食物充饥,血糖非但不会升高,甚至会降低。

3.减肥强体

黄瓜中所含的丙醇二酸,可抑制糖类物质转变为脂肪。此外,黄瓜中的纤维素对促进人体肠道内腐败物质的排除和降低胆固醇有一定作用,能强身健体。

整条粗细均匀,表面粗糙,有具刺尖的瘤状凸起,极稀近于平滑

瓜鲜绿、有纵棱的是嫩瓜;色或近似绿色的瓜为老瓜

最佳营养搭配

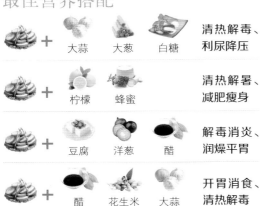

+	大蒜	大葱	白糖	清热解毒、利尿降压
+	柠檬	蜂蜜		清热解暑、减肥瘦身
+	豆腐	洋葱	醋	解毒消炎、润燥平胃
+	醋	花生米	大蒜	开胃消食、清热解毒
+	木耳	青红椒		减压降脂、排毒减肥

如何选购黄瓜

不管选购什么品种的黄瓜,都要选嫩的,最好是带花的。同时,任何品种都要挑硬梆梆的。因为黄瓜含水量高达96.2%,刚收下来,瓜条总是硬的,失水后才会变软,所以软黄瓜必定失鲜。但硬梆梆的不一定都新鲜,因为把变软的黄瓜浸在水里就会复水变硬,但是瓜的脐部还有些软,且瓜面无光泽。

Cucumber 1
黄瓜水梨汁
润肠通便，稳定血压

TIPS

现在国内一年四季都产小黄瓜，但以夏天和秋天产量最多，所以建议夏秋之际购买小黄瓜最适宜，因为小黄瓜在夏天吃不但可以清热、解毒，夏天购买也较无喷洒残存农药的问题。

材料：

黄瓜2条，水梨1个，水200毫升

做法：

1. 蔬果洗净，黄瓜、水梨切块。
2. 做法1加入果汁机中，再加水一起搅打均匀即可。

Code

黄　瓜：黄瓜中的植物生化素有助于稳定血压，且黄瓜中的丙醇二酸能抑制脂肪生成，维持体态。

水　梨：水梨中丰富的果胶可以辅助降低胆固醇、促进肠胃蠕动与预防便祕，适量吃水梨还可协助调节血压，降低糖尿病发生率。

Cucumber 2
黄瓜苹果纤体饮
生津开胃，排毒瘦身

材料：

黄瓜 85 克，苹果 70 克

调味料：

柠檬汁少许

TIPS

应选用嫩黄瓜，因为嫩黄瓜中的水分较多，榨好之后口感会更爽滑。

做法：

1. 洗净的黄瓜切小块。
2. 洗净的苹果取果肉，切丁块。
3. 取备好的榨汁机，选择搅拌刀座组合，倒入黄瓜和苹果。
4. 淋入柠檬汁，注入适量纯净水，盖上盖子。
5. 选择"榨汁"功能，榨出蔬果汁。
6. 断电后倒出蔬果汁，装入杯中即成。

Code

黄　瓜：黄瓜含有蛋白质、维生素B_2、维生素C、维生素E、胡萝卜素、钙、磷、铁等营养成分，具有增强免疫力、生津止渴、清热解毒等功效。

菠菜
Spinach

菠菜
Spinach

1. 菠菜苹果汁
2. 菠菜豆浆
3. 菠菜汁
4. 菠菜西兰花汁

· 预防高血压，减肥瘦身
· 补血活血，预防高血压
· 益气补血，增强免疫
· 安神助眠，预防高血压

菠菜

菠菜含有丰富的维生素C、胡萝卜素、蛋白质、纤维，以及铁、钙、磷等矿物质。经常吃些菠菜有利于血糖保持稳定；菠菜还具有促进肠道蠕动的作用，便秘者可多加食用。

菠菜的营养功效

1.通肠导便、防治痔疮

菠菜含有大量的植物粗纤维，具有促进肠道蠕动的作用，利于排便，且能促进胰腺分泌，帮助消化，对于痔疮、慢性胰腺炎、便秘、肛裂等病症有治疗作用。

2.促进人体新陈代谢

菠菜中所含微量元素物质能促进人体新陈代谢，增进身体健康。

3.保障营养、增进健康

菠菜中含有丰富的胡萝卜素、维生素C、钙、磷及一定量的铁、维生素E等有益成分，能供给人体多种营养物质。其所含铁质，对缺铁性贫血有较好的辅助治疗作用。

叶片绿色、颜色鲜艳、不会过深、根部带红

根圆锥状，带红色，较少为白色

最佳营养搭配

			功效
猪肝	枸杞	生姜	预防贫血、保护视力
大米	小米		润肠消食、美容补血
海带	豆腐		预防结石、降血降压
姜	醋	白糖	通便排毒、补铁
黑木耳	鸡蛋	醋	清理肠胃

如何选购菠菜

菠菜根据叶形分为圆叶菠菜和尖叶菠菜两种类型。尖叶菠菜叶片狭而薄，似箭形，叶面光滑，叶柄细长；圆叶菠菜叶片大而厚，多萎缩，呈卵圆形或椭圆形，叶柄短粗，品质好。

新鲜的菠菜多色泽鲜嫩翠绿，无枯黄叶和花斑叶；植株健壮，整齐而不断，捆扎成捆；根上无泥，捆内无杂物；不抽苔，无烂叶。

Spinach 1
菠菜苹果汁
预防高血压，减肥瘦身

材料：

菠菜 100 克，包菜 30 克，苹果半个，冰水 250 毫升

调味料：

蜂蜜 2 小匙

做法：

1. 将蔬果洗净，菠菜切段，包菜切碎，苹果连皮切块。
2. 将所有材料和蜂蜜放入果汁机中打匀，倒入杯中，即可饮用。

Code ———

菠　菜：富含丰富的 β-胡萝卜素，进入人体通过肝脏代谢后即为人体所需的维生素A，具辅助增进免疫力功能与抗癌作用。

Spinach 2
菜 豆 浆
补血活血，预防高血压

TIPS

孕妇也可以多饮用这道果
汁，菠菜里很多叶酸可以
使孕妇常保精神愉快，而
豆浆更可以补充孕妇及胎
儿所需的蛋白质。

材料：

菠菜 100 克，苹果半个，低糖豆
浆 200 克

做法：

1. 将菠菜及苹果洗净后切小块。
2. 将低糖豆浆及苹果块、菠菜块
   放入果汁机搅打均匀即可。

Code

菠 菜：属中等的碱性食物，适量
食用可协助平衡体内酸碱
值，可预防高血压、糖尿
病，且丰富的叶酸含量亦
有辅助促进胎儿大脑神经
发育的作用。

Spinach 3
菜汁
益气补血，增强免疫

材料：
菠菜 90 克
调味料：
蜂蜜 20 毫升

做法：

1. 锅中注水烧开，放入洗净的菠菜煮 1 分钟，至其变软。
2. 捞出沥干水分，放凉后切段，备用。
3. 取榨汁机，选择搅拌刀座组合，倒入菠菜，注入适量温开水，盖好盖。
4. 选择"榨汁"功能，搅打成汁水。
5. 断电后倒出菠菜汁，装入杯中，撇去浮沫。
6. 加入蜂蜜，拌匀，即可饮用。

Code

菠　菜：菠菜含有维生素A、维生素C、膳食纤维及多种矿物质，具有补血止血、利五脏、通肠胃、调中气、止渴润肠、滋阴平肝、助消化等功效。

Spinach 4

菠菜西兰花汁

安神助眠，预防高血压

材料：

菠菜 200 克，西兰花 180 克

调味料：

白糖 10 克

做法：

1. 西兰花和菠菜洗净切块和段。

2. 锅中注清水烧开，倒入西兰花，煮至沸。再倒入菠菜余略煮片刻。共捞出，沥干备用。

3. 取榨汁机，选择搅拌刀座组合，将食材和纯净水倒入搅拌杯中。盖上盖，选择"榨汁"功能，榨取蔬菜汁。

4. 揭盖，倒入白糖。加盖再选择"榨汁"功能，搅拌至蔬菜汁味道均匀。倒入杯中即可。

Code

菠　菜：菠菜富含丰富的维生素和矿物质，还含有叶酸，能维持大脑血清素的稳定，促进神经健康，保持心情平和。

TIPS

西兰花焯水的时间可以久一点，这样榨汁时口感会好很多。

甜椒
Pimento

甜椒
Pimento

甜椒百香果汁

· 提升免疫力，养颜美容

甜椒

甜椒含有丰富的维生素C、椒类碱等,具有温中、散热、消食等作用,能增强免疫力,提高人体的防病能力。其所含的椒类碱能够促进脂肪的新陈代谢,防止体内脂肪积存,从而减肥防病。

甜椒的营养功效

1.预防心血管疾病

可改善黑斑及雀斑,还有消暑、补血、消除疲劳、预防感冒和促进血液循环等功效,能够使血液中的良好胆固醇增加,使血管强健,使血液循环转良好,改善动脉硬化以及各种的心血管疾病。

2.促进新陈代谢

其中的椒类碱能够促进脂肪的新陈代谢,防止体内脂肪积存,从而减肥防病。

3.抗老化

红甜椒所具有的强大抗氧化作用,可抗白内障、心脏病和癌症,防止身体老化,并且使体内的细胞活化,有着非常明显的效果。

大小均匀、色泽鲜亮、有瓜果香味

有紫色、白色、黄色、橙色、红色、绿色等多种颜色,味道不辣或极微辣

最佳营养搭配

甜椒 +			功效
圣女果	蜂蜜		祛斑养颜、防癌降压
鸡蛋	圣女果		清热去火、缓解疲劳
洋葱			活血降压、强身健体
鸡蛋	大葱		降三高、开胃消食
口蘑	玉米	大蒜	缓解疲劳、助消化

甜椒的选购与存储

选购:新鲜的甜椒大小均匀,色泽鲜亮,闻起来具有瓜果的香味。而劣质的甜椒大小不一,色泽较为暗淡,没有瓜果的香味。

存储:要保存好甜椒,可溶化一些蜡烛油,把甜椒的蒂都在蜡烛油中蘸一下,然后装进保鲜袋中,封严袋口,放在10℃的环境中,可贮存2~3个月。

Pimento

甜椒百香果汁

提升免疫力，养颜美容

TIPS

甜椒等茄科食物中，均含有植物碱，会抑制关节修复，如有对茄科食物过敏的人或关节炎、类风湿性关节炎患者，食用上需特别注意，不宜多食甜椒。

材料：

红甜椒、黄甜椒各半个，百香果1个

做法：

1. 红甜椒与黄甜椒洗净、切片；百香果洗净、剖开，挖出果肉。
2. 倒入果汁机中搅打均匀即可。

Code

甜　椒： 所含果绿素可协助提升免疫力，特殊的松烯与丰沛的维生素C亦能辅助预防心血管硬化、降低血液黏稠度。

百香果： 含丰富的抗氧化酶，对于避免有害物质沉积、美容养颜及排除体内自由基有很好的辅助作用。

苦瓜
Bitter gourd

苦瓜
Bitter gourd

1. 苦瓜橘子蜜汁
2. 蜂蜜苦瓜汁
3. 苦瓜苹果汁
4. 苦瓜菠萝汁

· 清肠排毒，养颜美容
· 养颜美容，养心安神
· 降低血压，清热降火
· 降低血压，增强免疫力

苦瓜

苦瓜的蛋白质、脂肪、碳水化合物含量在瓜类蔬菜中较高，特别是维生素C的含量居瓜类之冠。苦瓜还含丰富的维生素B_1及矿物质，长期食用能解疲乏、清热、明目、解毒、降压降糖。

苦瓜的营养功效

1.清热益气

苦瓜具有清热消暑、养血益气、补肾健脾、滋肝明目的功效，对治疗痢疾、疮肿、中暑发热、痱子过多、结膜炎等病有一定的功效。

2.降血糖、降血脂

具有降血糖、降血脂、抗肿瘤、预防骨质疏松、调节内分泌、抗氧化、抗菌以及提高人体免疫力等药用和保健功能。

3.美容肌肤

苦瓜能滋润白皙皮肤，还能镇静和保湿肌肤，特别是在容易燥热的夏天，敷上冰过的苦瓜片，能立即解除肌肤的烦躁。

苦瓜果实为浆果，表面有许多不规则的瘤状凸起，果实的形状有纺锤形、短圆锤形、长圆锤形等

果皮有青绿色、绿白色与白色，成熟时黄色

最佳营养搭配

苦瓜 +	辣椒	蒜	豆豉	排毒瘦身、清热明目
苦瓜 +	猪肝	蒜	黄酒	清热解毒、补肝明目
苦瓜 +	茄子	青椒	红椒	降糖降血脂、美容
苦瓜 +	玉米	排骨	胡萝卜	清热下火、减肥瘦身
苦瓜 +	猪骨	黄豆	生姜	解暑消热、促进饮食

苦瓜的选购与存储

挑选苦瓜时，要观察苦瓜上的果瘤，颗粒越大越饱满，表示瓜肉越厚、颗粒越小、越薄。好的苦瓜一般洁白漂亮，如果苦瓜发黄，就已经过熟，会失去应有的口感。

苦瓜不耐保存，即使在冰箱中存放也不宜超过2天。

Bitter gourd 1

苦瓜橘子蜜汁

清肠排毒，养颜美容

TIPS
苦瓜不只能烹调成美味的料理，打成果汁，用苦瓜汁擦皮肤也是一种天然护肤产品。

材料：

苦瓜半条、橘子半个、水 200 毫升

调味料：

蜂蜜少许

做法：

1. 苦瓜去籽、切块；橘子剥皮。
2. 做法 1 放入果汁机中，加水与蜂蜜，搅打均匀即可。

Code

橘　子：橘子果肉中富含膳食纤维，可协助刺激肠胃蠕动，帮助消化，进而达到促进肠胃新陈代谢、预防便秘的效果。

Bitter gourd 2
蜂蜜苦瓜汁
美颜美容，养心安神

TIPS

加入的蜂蜜不宜太多，以免降低了苦瓜的食用价值。

材料：

苦瓜 140 克，黄瓜 60 克

调味料：

蜂蜜少许

做法：

1. 洗净的黄瓜切薄片。
2. 洗好的苦瓜去瓤，再切片。
3. 取榨汁机，选择搅拌刀座组合，倒入切好的黄瓜和苦瓜。
4. 加入少许蜂蜜，注入适量纯净水，盖好盖子。
5. 选择"榨汁"功能，榨出蔬菜汁。
6. 断电后倒出蔬菜汁，装入杯中即成。

Code ———

苦　瓜：苦瓜含有胡萝卜素、B族维生素、维生素E、苦瓜苷、钾、钠、钙、镁、铁、锰、锌、铜、磷等营养成分，具有增强免疫力、清心明目、降血糖等功效。

Bitter gourd 3
苦瓜苹果汁
降低血压，清热降火

TIPS
食材最好切得小一些，这样能缩短榨汁的时间。

材料：

苹果180克，苦瓜120克

调味料：

食粉少许

做法：

1. 锅中注水烧开，撒上食粉，放入洗净的苦瓜。煮至断生后捞出，沥干水分，放凉待用。
2. 苦瓜和苹果去核切小丁块。
3. 取榨汁机，选择搅拌刀座组合，倒入食材，注入矿泉水，盖上盖。通电后选择"榨汁"功能。
4. 食材榨出汁水后断电，倒出汁水，装入杯中即成。

Code ———

苦　瓜：苦瓜含有蛋白质、膳食纤维、灰分、胡萝卜素等营养成分。此外，苦瓜还含有一种具有抗氧化作用的物质，可以强化毛细血管、促进血液循环，对预防高血压有一定的作用。

Bitter gourd 4
苦瓜菠萝汁
降低血压，增强免疫力

TIPS

榨汁时也可加入少许白糖，能中和苦味，改善口感。

材料：
菠萝肉150克，苦瓜120克
调味料：

食粉少许

做法：

1. 苦瓜加食粉汆水断生。
2. 苦瓜切丁，菠萝切片。
3. 取榨汁机，倒入切好的食材，加入矿泉水。
4. 通电后选择"榨汁"功能。
5. 断电后倒出榨好的蔬果汁，装入碗中即成。

Code

苦　瓜：据研究发现，它含有多肽－P类似胰岛素的物质，具有协助稳定血糖的作用，同时还有辅助刺激和增强体内免疫细胞能力的效果。

番茄
Tomato

番茄
Tomato

1. 番茄香菜汁
2. 番茄活力饮
3. 番茄豆浆

· 促进血液循环，降血压
· 降血脂，降血压
· 开胃消食，增强免疫力

番茄

番茄富含糖、维生素B、维生素C及胡萝卜素等营养成分，有生津止渴、健胃消食、清热解毒的功效。夏季多食用，对消化不良、中暑、胃热口苦等病症有较好的治疗效果。

番茄的营养功效

1.抗癌

研究表明，番茄红素能够有效预防前列腺癌、消化道癌、肝癌、肺癌、乳腺癌、膀胱癌、子宫癌、皮肤癌等。

2.改善牙龈出血

经常发生牙龈出血或皮下出血的患者，吃番茄有助于改善症状。

3.防止血栓的发生

患冠心病及中风的病人每天适量饮用番茄汁有益于病的康复。

4.健胃消食

有助消化、润肠通便作用，可防治便秘。

番茄浆果呈扁球状或近球状，肉质而多汁液，桔黄色或鲜红色，光滑

种子黄色，周围的胶质状的部分富含甜味

最佳营养搭配

番茄 +	芹菜	山楂	酸奶	降压降脂、健胃消食
番茄 +	黄瓜	洋葱	橄榄油	减肥瘦身
番茄 +	木耳	鸡蛋	蒜	减肥瘦身、三高调养
番茄 +	花菜	葱	白糖	预防心血管疾病
番茄 +	牛腩	土豆	洋葱	增长肌肉、补铁补血

如何选购番茄

选购番茄时，可根据品种选择。橙色的番茄红素含量少，但胡萝卜素含量高一些，具有抗氧化的作用。小番茄里含糖量高于大番茄，所以适合当做水果。如果要补充番茄红素、胡萝卜素等抗氧化成分，则应当选颜色深红的，或是橙色的，而不是未成熟和半成熟的青色、粉红色的或黄色的番茄。

Tomato 1
番茄香菜汁
促进血液循环，降血压

TIPS

香菜生汁含精油的比例过高，最好不要单独饮用，会有麻木的反应，而且单独饮用过于辛辣，可以搭配其他蔬果打成汁，每次饮用也不宜超过30毫升。

材料：

香菜10克，番茄2个

调味料：

蜂蜜少许

做法：

香菜、番茄洗净，打成果汁，加点蜂蜜即可。

Code

香　菜：香菜的特殊香味能刺激汗腺的分泌，并促进血液循环与促使身体发汗，适量食用对治疗高血压也有辅助疗效。

番　茄：番茄因有抗坏血酸酶和有机酸的保护，不论鲜贮、烹饪，它所含的维生素C、维生素P都不易被破坏，故其吸收利用率高，可起到软化血管、降低血压的作用。

Tomato 2
番茄活力饮
降血脂，降血压

TIPS
如果不喜欢青椒的味道，也可不加，用多点番茄代替也很有调解血压的效果，但如果肠胃较虚弱的人，就不宜食用太多番茄。

材料：

番茄 1 个，青椒半个，苹果 1 个

调味料：

蜂蜜少许

做法：

1. 将所有蔬果洗净，番茄、青椒、苹果切片。
2. 将所有材料一起放入果汁机中搅匀，过滤后加入蜂蜜即可。

Code ———

青　椒：含有丰富的维生素K，可以辅助防治坏血病，对于贫血患者、血管较为脆弱的状况也有辅助治疗的作用。

苹　果：苹果含钾量高，每100克可食部分苹果含钾量达119毫克，而含钠仅1.6毫克，其K因子为74.4毫克，故苹果为高K因子食物，对高血压病具有较好的防治效果。

Tomato 3
番茄豆浆
开胃消食，增强免疫力

材料：

番茄55克，水发黄豆65克

调味料：

白糖少许

做法：

1. 将黄豆泡发，番茄切成小块。

2. 把黄豆倒入豆浆机中，再放入番茄块，注入适量清水，至水位线即可。

3. 盖上豆浆机机头，选择"五谷"程序，再选择"开始"键，开始打浆。

4 待豆浆机运转约15分钟，即成豆浆。

5. 将豆浆机断电，取下机头，把煮好的豆浆倒入滤网，滤取豆浆。

6. 加入白糖，搅拌均匀即可。

Code

番　茄：番茄含有蛋白质、维生素C、胡萝卜素、有机酸及多种矿物质，具有生津止渴、开胃消食、清热解毒等功效。

Part 6
以水果为主角的
果汁

　　高血压患者也可以从水果中摄取丰富的纤维质，排除体内废物，维持理想的身材，远离高血压的威胁。以下示范用12种新鲜水果现榨的蔬果汁，在降血压的同时，又可以达到美味与营养加分的效果。

香蕉
Banana

香蕉
Banana

1. 香蕉芝麻牛奶
2. 原味香蕉豆浆
3. 香蕉牛奶饮
4. 香蕉橙子汁

· 降胆固醇，降血压
· 开胃消食，增强免疫力
· 预防癌症，提升免疫力
· 预防癌症，补充能量

香蕉

香蕉含有丰富的维生素和矿物质,从香蕉可以很容易地摄取各种各样的营养素。其中钾能防止血压上升及肌肉痉挛;而镁则具有消除疲劳的效果。

香蕉的营养功效

1.保护胃黏膜

香蕉能缓和胃酸的刺激,保护胃黏膜。

2.降血压

钾对人体的钠具有抑制作用,多吃香蕉可降低血压,预防高血压和心血管疾病。研究显示,每天吃两根香蕉,可有效降低10%血压。

3.润肠道

香蕉内含丰富的可溶性纤维,也就是果胶,可帮助消化,调整肠胃机能。

4.有助于睡眠

香蕉对失眠或情绪紧张者也有疗效,因为香蕉包含的蛋白质中带有氨基酸,具有安抚神经的效果,因此在睡前吃点香蕉,多少可起一些镇静作用。

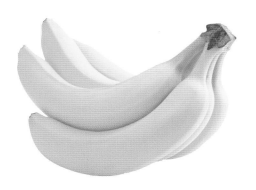

外表光鲜漂亮、无病斑、无创伤,果形端正、大而均匀

香蕉里面一排排褐色的小点是香蕉经过培育后退化的种子

最佳营养搭配

香蕉 +	百合	银耳	枸杞	养阴润肺、生津整肠
香蕉 +	芝麻	鸡蛋	面粉	润肠通便、养心安神
香蕉 +	玉米须	西瓜皮	枸杞	滋阴平肝、清热除烦
香蕉 +	冰糖	陈皮		润肠通便,润肺止咳
香蕉 +	苦瓜	蜂蜜		补血、降火

如何选购香蕉

选购香蕉时,应找那些果形端正、大而均匀、整把香蕉无缺损和脱落、色泽鲜亮的。此外要注意,新鲜的香蕉应该果面光滑,无病斑、无创伤,果皮易剥离,果肉稍硬,捏上去不发软,口感香甜、不涩、无怪味。如果皮黑肉软,或果柄泛黑,枯干皱缩,很可能已开始腐坏。

Banana 1
香蕉芝麻牛奶
降胆固醇，降血压

TIPS

香蕉价廉物美，不只营养美味，香蕉皮还有很多的功效，用来敷脸可以养颜美容，据说加入水中煮过饮用，还有解酒的作用，不妨试试。

材料：

香蕉 150 克，芝麻粉 2 小匙，牛奶 200 毫升

做法：

1. 香蕉切小块备用。
2. 香蕉与芝麻粉加入果汁机中，再加入牛奶，一起打匀即可。

Code ————

香 蕉：为中碱性食物，香蕉含丰富的钾及血管升压素——环化酶，可以辅助平衡体内过多的钠，增强免疫功能，具有辅助降低血压之作用，但肾功能代谢不良者需审慎食用。

芝 麻：芝麻中含有木聚糖，可辅助抑制胆固醇的形成，且芝麻素也有辅助抑制高血压发展、减轻心血管肥大的作用。

Banana 2
原味香蕉豆浆
开胃消食，增强免疫力

材料：

香蕉 30 克，水发黄豆 40 克

做法：

1. 将黄豆泡发，香蕉去皮切块。
2. 将香蕉、黄豆倒入豆浆机中。
3. 注入适量清水，至水位线即可。
4. 盖上豆浆机机头，选择"五谷"程序，再选择"开始"键，开始打浆。
5. 待豆浆机运转约 15 分钟，即成豆浆。

Code

黄　豆：每100克含蛋白质36.3克，脂肪18.4克，碳水化合物25克，钙367毫克，磷571毫克，铁11毫克，胡萝卜素0.4毫克，硫胺素0.79毫克，核黄素0.25毫克，烟酸2.1毫克。还含有卵磷脂、大豆皂醇及维生素A、B、C、D、E等各种物质。

Banana 3
香蕉牛奶饮
开胃消食，增强免疫力

TIPS

牛奶的营养价值很高，牛奶中的矿物质种类也非常丰富，除了我们所熟知的钙以外，磷、铁、锌、铜、锰、钼的含量都很多。

材料：

香蕉 100 克，牛奶 100 毫升

调味料：

蜂蜜 25 克，白糖少许

做法：

1. 香蕉取果肉切小块。
2. 取榨汁机，选择搅拌刀座组合，倒入切好的香蕉，注入牛奶。
3. 倒入适量纯净水，加入少许白糖，盖好盖子。
4. 选择"榨汁"功能，榨出香蕉汁。
5. 断电后倒出果汁，装入杯中。
6. 加入适量蜂蜜调匀即可。

Code

香　蕉：香蕉含有蛋白质、糖类、灰分、维生素A、B族维生素、维生素C、维生素E、锌、铁、钾、镁等营养成分，具有促进肠道蠕动、排毒、保护神经系统、缓解抑郁等作用。

Banana 4

香蕉橙子汁
预防癌症，补充能量

TIPS
这道果汁也可以将橙子榨汁，香蕉切片直接放入橙汁中，再淋上一点蜂蜜，别有一番风味喔！

材料：

香蕉 2 条，橙子 3 个

调味料：

蜂蜜 1 小匙

做法：

1. 橙子榨汁、备用。香蕉剥皮、切片，加入橙子汁中。

2. 做法 1 加入蜂蜜，一起加入果汁机中打匀即可。

Code ——————

香　蕉：含有 β 胡萝卜素、锰元素，具辅助抗氧化作用，丰富的叶酸还可促进红血球之血红素生成。

橙　子：含有马栗树皮素与抗氧化成分，有助抗发炎、强化人体免疫系统，辅助降低心血管疾病与癌症的发生机率。

百香果
Granadilla

百香果
Granadilla

1. 百香果橙子汁
2. 百香果蜂蜜绿茶

· 美容养颜，提升免疫力
· 降血压，减肥瘦身

百香果

百香果中含有菠萝、香蕉、草莓、苹果、酸梅、芒果等165种水果香味,果汁营养丰富,能软化血管,增加冠状动脉血流量,从而起到降血压的作用。

百香果的营养功效

1.增进食欲,有助消化

百香果含果酸、可食纤维,作用于消化系统,食用后能增进食欲,促进消化腺分泌,对食欲不振、胃胀、便秘的效果都很好。

2.防癌抗癌

百香果内含多达165种化合物、17种氨基酸和抗癌的有效成分,能防治细胞老化、癌变,有抗衰老、预防癌症的功效。

3.滋养生殖系统

百香果含有维生素E、番茄红素,对生殖系统的作用不可小视,不少夜多小便的中老年人食用后,觉得晚上起床的次数明显减少,故百香果有滋阴补肾之说。

果形端正、近圆形,香气浓郁,成熟后呈红色

百香果籽呈黑色,可以食用,口感脆

最佳营养搭配

	雪梨	玉米粉	冰糖	清热解暑、降高血压
	酸奶	蜂蜜		化痰止咳
	绿茶	蜂蜜	冰块	清热解毒、化痰止咳
	椰汁	柠檬	糖粉	促进消化、美容养颜
	蜜桃	蜂蜜	白糖	生津止渴、益气滋补

如何选购百香果

一般的百香果外形端正,近乎圆形,没有明显的凹凸现象,奇形怪状的不宜购买。购买时,还应闻一下,优质的百香果应该具有特殊的香味,且香味越浓郁表示成熟度越好、味更佳。成熟的百香果表面绿色逐渐减退,红色越来越明显。

Granadilla 1

百香果橙子汁
美容养颜，提升免疫力

TIPS

百香果直接吃比较酸，平时可以加些其他天然甜味的水果一起打汁，或是加点天然蜂蜜更美味可口。

材料：

百香果2个，橙子1个

调味料：

蜂蜜1小匙

做法：

1. 百香果、橙子切开，将果肉挖出。
2. 做法1加入蜂蜜，打成果汁即可食用。

Code

百香果：百香果中具有胡萝卜素成分，有助抗氧化、延缓衰老，还有协助增强身体免疫功能的效果。

橙　子：橙子中含丰富的维生素C、维生素P，能增强机体抵抗力，增加毛细血管的弹性，降低血中胆固醇，可防治高血压、动脉硬化。

Granadilla 2
百香果蜂蜜绿茶
降血压，减肥瘦身

材料：

百香果 85 克，绿茶叶 5 克，柠檬 20 克

调味料：

蜂蜜 10 克

做法：

1. 将柠檬切成片，百香果对半切开。
2. 砂锅中注入适量清水烧开，放入切好的百香果、柠檬。
3. 盖上盖，烧开后用小火煮 3 分钟。
4. 把茶叶放入杯中，盛出煮好的百香果柠檬水，冲泡茶叶。
5. 静置片刻，待茶水稍凉后加入蜂蜜。

Code ───────

百香果： 是很好的醒酒水果，对于呼吸系统疾病、心脑血管系统疾病、泌尿系统疾病亦有辅助治疗效果。

橘子
Tangerine

橘子
Tangerine

1. 橘子番石榴汁
2. 苹果橘子汁
3. 橘子汁
4. 橘子酸奶

· 预防癌症，降压利尿
· 降血脂，减肥瘦身
· 美容养颜，提升免疫力
· 预防动脉硬化，消除疲劳

橘子

橘子含有蛋白质、有机酸、维生素、钙、磷、镁等成分,具有开胃消食、生津止渴、加速代谢等功效。

橘子的营养功效

1.美容养颜

橘子富含维生素C与柠檬酸,前者具有美容作用,后者则具有消除疲劳的作用。

2.润肠通便

橘子内侧薄皮含有膳食纤维及果胶,可以促进通便。

3.预防心血管疾病

橘子中的橘皮苷可以加强毛细血管的韧性,降低血压和胆固醇,扩张心脏的冠状动脉,预防冠心病和动脉硬化。

4.防癌抗癌

新鲜的柑橘中含有一种"诺米灵",它能使致癌化学物质分解,抑制和阻断癌细胞的生长,能使人体内除毒酶的活性成倍提高,减弱致癌物的伤害。

最佳营养搭配

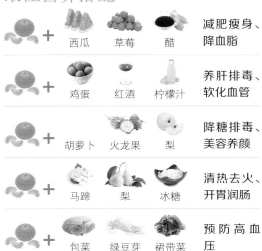

+	西瓜	草莓	醋	减肥瘦身、降血脂
+	鸡蛋	红酒	柠檬汁	养肝排毒、软化血管
+	胡萝卜	火龙果	梨	降糖排毒、美容养颜
+	马蹄	梨	冰糖	清热去火、开胃润肠
+	包菜	绿豆芽	裙带菜	预防高血压

橘子的果形多样,但通常呈扁圆形至近圆球形

橘子果肉表面有白色的橘络,呈网状,易分离

如何选购橘子

选购橘子时,首先要看下它的颜色,好的橘子呈色泽闪亮的橘色或深黄色,过于成熟的苍黄色、青涩的绿色以及表皮有孔的橘子都是不及格的。其次,看下它的底部是否有灰色的小圆圈。另外,从侧面看,有长柄的那一端是否凹进去的,长柄那端是凸出的一般都比较酸。

Tangerine 1
橘子番石榴汁
预防癌症，降压利尿

TIPS

橘子也可以和白酒、糖一起放入罐中密封，放在阴凉的地方，约60天就可以变成橘子酒，对稳定血压也颇有功效。

材料：

橘子半个，番石榴半个，橙子1/4个

调味料：

冰糖少许

做法：

1. 番石榴去籽、切块；橘子剥皮、去籽。
2. 将所有材料放入果汁机中搅打均匀即可。

Code

橘　子：橘子皮中含有一种生物黄酮的成分，可用来辅助防治癌症的发生率，还具有抗虫、净菌的效果，且对降血压与利尿也颇具辅助功效。

番石榴：是很好的维生素C摄取来源，有助于牙龈的健康、降血压与增强身体抵抗力，能够辅助舒缓不安的情绪和焦虑。

Granadilla 2
苹果橘子汁
降血脂，减肥瘦身

TIPS
将橘子的籽去除，可避免苦
味。

材料：

苹果 100 克，橘子肉 65 克

做法：

1. 橘子肉切小块。
2. 洗净的苹果切开，取果肉，切小块，备用。
3. 取榨汁机，选择搅拌刀座组合，倒入苹果、橘子肉。
4. 注入适量矿泉水。
5. 盖上盖，选择"榨汁"功能，榨取果汁。
6. 断电后揭开盖，倒出果汁。
7. 装入杯中即可。

Code

苹　果：苹果含丰富的糖类，主要是蔗糖、还原糖以及蛋白质、脂肪、磷、铁、钾等物质。

Granadilla 3
橘子汁
美容养颜，提升免疫力

材料：
橘子肉 60 克

做法：

1. 取榨汁机，选择搅拌刀座组合，倒入橘子肉。
2. 注入适量纯净水，盖上盖。
3. 选择"榨汁"功能，榨取橘子汁。
4. 断电后倒出橘子汁，装入杯中即可。

Code

橘 子：橘子含有氨基酸、柠檬酸、枸橼酸、胡萝卜素、纤维素及矿物质，具有开胃理气、止渴润肺等功效。

Tangerine 4
橘子酸奶
预防动脉硬化，消除疲劳

TIPS
橘子皮食用后不要丢掉，可以放在通风的地方晒干，撕成小片，就是中药里的"陈皮"喔！拿来泡茶还可以驱寒、止咳。

材料：

橘子半个，苹果 1/4 个，酸奶 150 毫升，水少许

调味料：

果糖少许

做法：

1. 橘子剥皮、去籽；苹果洗净、切块。
2. 将切好的水果放入果汁机中，加入酸奶，再加少许水，搅拌均匀即可。

Code

橘　子：橘子含有一种名为"枸橼酸"的酸性物质，可以预防动脉硬化的发生率，还可以帮助消除身体的疲劳状态。

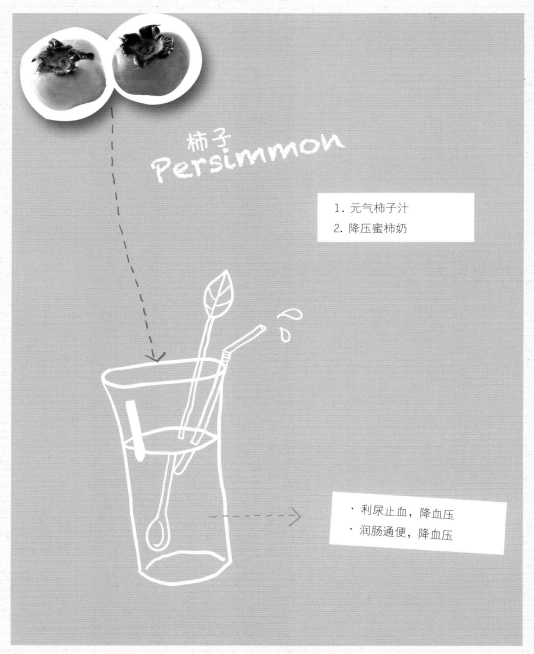

以水果为主角的果汁

柿子
Persimmon

柿子
Persimmon

1. 元气柿子汁
2. 降压蜜柿奶

· 利尿止血，降血压
· 润肠通便，降血压

柿子

柿子含有蔗糖、葡萄糖、果糖、蛋白质、胡萝卜素、维生素C、瓜氨酸、碘、钙、磷、铁、锌等营养成分,具有消炎消肿、改善血液循环、润肠通便等功效。

柿子的营养功效

1.润肠通便

柿子富含果胶,它是一种水溶性的膳食纤维,有良好的润肠通便作用,对于纠正便秘、保持肠道正常菌群生长等有很好的作用。

2.解酒

柿子能促进血液中乙醇的氧化,帮助机体对酒精的排泄,减少酒精对机体的伤害。

3.改善甲状腺肿大

柿子含有大量的维生素和碘,能治疗缺碘引起的地方性甲状腺肿大。

4.降低血压

柿子有助于降低血压,软化血管,增加冠状动脉流量,并且能活血消炎,改善心血管功能。

最佳营养搭配

柿子 +	糯米粉	白芝麻	豆沙	**降压止血、利水消炎**
柿子 +	肉桂	生姜	松子	**润肺祛寒、开胃健脾**
柿子 +	鸡蛋	面粉	糖粉	**止血化痰、清热解暑**
柿子 +	香油	蜂蜜	生姜	**防治痔疮、祛面斑**
柿子 +	柠檬	麦芽糖	白糖	**补充蛋白质**

柿子嫩时绿色,后变黄色、橙黄色,老熟时呈橙红色或大红色

嫩时果肉较脆硬,老熟时果肉变成柔软多汁

柿子的选购和存储

选购质硬的柿子应选择橙黄色,外表完整、光滑而有光泽,没有挤压伤的;质软的柿子应选择黄色、外表光滑完整的。

质硬的成熟柿子可在自然状态下保存2~5个月,变软后即可食用;经特殊处理除去涩味后的柿子,不宜长时间存放,以免变软、变质,放入冰箱冷藏可保存3~5天。

Persimmon 1

元气柿子汁

利尿止血，降血压

TIPS

也可以将柿子叶切碎，放在锅内烫过后，投入冷水冷却、沥干，轻轻搓揉让柿叶软化，再倒入锅内略烘炒出香味，晾干后把它当成茶叶饮用，可以软化血管，预防动脉硬化，对高血压患者有一定疗效。

材料：

柿子 1 个，柠檬汁少量

调味料：

蜂蜜少许

做法：

1. 柿子去皮，放入果汁机内，再加入柠檬汁，搅拌均匀。
2. 倒出果汁，加入蜂蜜即可。

Code

柿 子：有辅助清热、解毒与降血压的作用，但其鞣酸成分易与胃酸起作用，不适宜空腹时食用。

Persimmon 2
降压蜜柿奶
润肠通便，降血压

TIPS

如果是气虚体弱，或是风寒感冒的人，不宜多吃柿子。柿子也不能和蟹肉一起食用，不然容易腹泻、呕吐。

材料：

脆柿 2 个，胡萝卜 1/4 条，低脂鲜奶 250 毫升

调味料：

蜂蜜少许

做法：

1. 脆柿、胡萝卜洗净、去皮、切块，放入果汁机中。
2. 加入鲜奶，再放入蜂蜜搅打均匀即可。

Code

柿 子：柿子含有碘，对于因缺碘而引发的甲状腺肿大患者，有不错的辅助治疗效果，其丰富的膳食纤维还可预防便秘。

葡萄柚
Grapefruit

葡萄柚
Grapefruit

1. 蜂蜜葡萄柚汁
2. 活力香柚汁
3. 香柚奶茶
4. 葡萄柚酸奶冰沙

· 美容养颜，增强免疫力
· 减肥瘦身，助消化
· 润肤美颜，降血压
· 减肥瘦身，预防高血压

葡萄柚

葡萄柚含有膳食纤维、维生素A、维生素C、维生素P等营养成分,具有美白、开胃等功效。另外,葡萄柚所含的钾元素对于维护心脏、血管、肾脏的功能有重要的作用。

葡萄柚的营养功效

1.降压降脂

葡萄柚富含钾而几乎不含钠,而且还含有能降低血液中胆固醇的天然果胶,因此是高血压、心脏病及肾脏病患者的最佳食疗水果。

2.孕妇保健

葡萄柚含有天然叶酸。叶酸不但对早期妊娠非常重要,在整个怀孕期也同样必不可少。

3.肌肤美容

葡萄柚富含维生素C和维生素P,可以增强皮肤及毛孔的功能,有利于皮肤保健和美容。

4.开胃消食

葡萄柚中的酸性物质可以帮助消化液的增加,借此促进消化功能,而且营养也容易被吸收。

果扁圆至圆球形,比柚小,果皮也较薄,果顶有或无环圈,

果心充实,绵质,果肉淡黄白或粉红色,柔嫩,多汁

最佳营养搭配

			功效
葡萄柚 +	芒果	蓝莓	生津益胃
葡萄柚 +	苹果	蜂蜜	润肠通便、减肥瘦身
葡萄柚 +	牛奶	酸奶	促消化、美容养颜
葡萄柚 +	芒果　西米　椰奶		排毒润肺、护肝明目
葡萄柚 +	薄荷　葡萄柚　白砂糖		开胃消食、减肥瘦身

如何选购葡萄柚

葡萄柚要重量相当,果身光泽皮薄、柔软的为好。表面光滑平亮,表示皮薄,果实成熟度高。成熟果体越重,表示水分越多,越好。不要挑选果皮膨松、粗糙或有尖头的葡萄柚,因为它可能会较为干涩。

Grapefruit 1
蜂蜜葡萄柚汁
美容养颜，增强免疫力

TIPS

榨汁时间不宜过久，这样可以保留葡萄柚果肉的口感。

材料：

葡萄柚 300 克

调味料：

蜂蜜少许

做法：

1. 葡萄柚掰开，切去膜，取出果肉，备用。
2. 取榨汁机，选择搅拌刀座组合，倒入葡萄柚、蜂蜜。
3. 注入适量纯净水。
4. 盖上盖，选择"榨汁"功能，榨约 30 秒。
5. 将榨好的果汁滤入杯中即可。
6. 随即饮用即可。

Code

葡萄柚：葡萄柚含有膳食纤维、维生素A、维生素C、维生素P等营养成分，具有美白皮肤、开胃、排毒等功效。

Grapefruit 2
活力香柚汁
减肥瘦身，助消化

TIPS

葡萄柚不要与药物一起服用，会影响药物分解而积存在人体血液中，因而导致副作用。

材料：

葡萄柚 1 个，西芹 100 克，番石榴 50 克，水 200 毫升

调味料：

果糖 1 小匙

做法：

1. 葡萄柚洗净、剖开，将果肉与汁挖出，放进小碗中，备用。

2. 做法 1 放入果汁机中，再加入西芹、番石榴、果糖水，搅打均匀即可。

Code

葡萄柚：葡萄柚中含有天然的维生素P、维生素C及可溶性纤维素，有辅助增强记忆力、预防心血管疾病和帮助人体吸收钙和铁质的作用。

Grapefruit 3
香柚奶茶
润肤美颜，降血压

材料：
葡萄柚 1/2 个，红茶袋 1 包，鲜奶 50 毫升

调味料：
蜂蜜 1 小匙

做法：
1. 红茶包放入热开水中，泡出红茶，备用。
2. 葡萄柚洗净、剖开，用榨汁机榨汁。
3. 葡萄柚汁倒入红茶中，再加入鲜奶、蜂蜜即可。

Code

葡萄柚：葡萄柚含有非常丰富的柠檬酸，有辅助肉类消化与避免人体摄入过多脂肪的作用，其丰富的果胶、黄酮类亦有助降低胆固醇与抗癌。

Grapefruit 4
葡萄柚酸奶冰沙
减肥瘦身，预防高血压

材料：

葡萄柚果肉块 150 克，白糖 20 克，酸奶 30 毫升，橙汁 20 毫升，柠檬 1 片，凉开水 150 毫升

做法：

1. 凉开水倒入冰格中，冷冻约 5 小时成冰块，取出后搅碎，制成冰沙待用。

2. 取榨汁机，选择搅拌刀座组合，放入切好的葡萄柚果肉。放入酸奶、橙汁和白糖，盖上盖子。

3. 选择"搅拌"功能，运行约 30 秒，榨出果汁。

4. 断电后倒出，装在碗中，待用。

5. 取一玻璃杯，铺上一层冰沙，倒入榨好的果汁，装饰上柠檬即成。

Code

葡萄柚：葡萄柚中含有天然的维生素P、维生素C及可溶性纤维素，有辅助增强记忆力、预防心血管疾病和帮助人体吸收钙和铁质的作用。

猕猴桃
Kiwi fruit

猕猴桃
Kiwifruit

1. 猕猴桃精力汤
2. 猕猴桃雪梨汁
3. 猕猴桃马蹄汁
4. 猕猴桃菠萝苹果汁

· 平衡酸碱值，润肠通便
· 预防癌症，降血压
· 开胃消食，预防便秘
· 预防癌症，降血压

猕猴桃

猕猴桃的维生素含量极高,可强化免疫系统,促进伤口愈合和对铁质的吸收。同时,猕猴桃还富含肌醇及氨基酸,对补充幼儿脑力所消耗的营养很有帮助。

猕猴桃的营养功效

1.降低胆固醇

猕猴桃中所含纤维有三分之一是果胶,特别是皮和果肉接触部分。果胶可降低血中胆固醇浓度,预防心血管疾病。

2.预防抑郁症

猕猴桃富含的肌醇及氨基酸能有效调节细胞内的激素和神经传导效应,可抑制抑郁症,补充脑力所消耗的营养。

3.美容养颜

猕猴桃含有丰富的维生素C,具有抗氧化功能,对消除人体皱纹和细纹有着积极的作用。

4.排毒清肠

猕猴桃中还有非常丰富的膳食纤维,具有助消化、排毒素、降低胆固醇、促进心脏健康等功效。

最佳营养搭配

+	梨	西米	水	润肠润肺、助消化
+	薏米	冰糖		抑制癌细胞
+	大米	枸杞	冰糖	明目养肝、降三高
+	山药	番茄酱		降血脂、养肾护肝
+	银耳	莲子	冰糖	滋阴润肺、润肤美白

猕猴桃一般是椭圆形的,颜色略深、接近土黄色

表皮呈现墨绿色并带毛,其内的果肉呈亮绿色,种子为黑色

如何选购猕猴桃

购买猕猴桃前应细致地把果实全身轻摸一遍,选质地较硬的果实。如果马上食用,可选整体较软的果。局部有软点的果实,都尽量不要。挑选时买颜色略深的那种,就是接近土黄色的外皮,这是日照充足的象征,维生素含量最高,也更甜。

Kiwifruit 1

猕猴桃精力汤

平衡酸碱值，润肠通便

TIPS

猕猴桃中的维生素C容易与乳制品中的蛋白质凝结成块，容易影响消化吸收，而且还会引起腹泻，所以吃完猕猴桃不宜再喝牛奶或是奶酪等乳制品。

材料：

猕猴桃1个，西兰花50克，香蕉半条，苜蓿芽半碗，核桃5个

调味料：

蜂蜜1小匙

做法：

1. 猕猴桃、香蕉去皮、切块；西兰花菜洗净、分小朵；苜蓿芽洗净。
2. 做法1放入果汁机中，再加入核桃、蜂蜜搅打均匀即可。

Code

猕猴桃：含有肌醇可辅助脑功能的发展，而其蛋白水解酶还可帮助蛋白质、肉类消化，进而预防便秘。

苜蓿芽：苜蓿芽热量低，更是天然的碱性食物，可帮助平衡体内血液的酸碱值，丰富的膳食纤维亦有辅助预防便秘的作用。

Kiwifruit 2
猕猴桃雪梨汁
预防癌症，降血压

TIPS

如果喜好甜味，可以增加白糖的量。

材料：

猕猴桃肉 180 克，雪梨肉 250 克

调味料：

白糖 2 克

做法：

1. 取榨汁机，倒入备好的猕猴桃块、雪梨块。
2. 加入白糖。
3. 注入适量清水。
4. 选择"榨汁"功能，开始榨汁。
5. 榨约 30 秒，即成果汁。
6. 断电后取下量杯。
7. 将榨好的果汁倒入杯中即可。

Code

雪 梨：雪梨含有苹果酸、柠檬酸、维生素B₁、维生素C、胡萝卜素等营养成分，具有养心润肺、止咳化痰、开胃消食等功效。

Kiwifruit 3
猕猴桃马蹄汁
开胃消食，预防便秘

材料：

猕猕猴桃 200 克，马蹄肉 80 克

做法：

1. 洗净的马蹄肉切厚片。
2. 洗好的猕猴桃切去头尾，切成瓣，去除硬芯，去皮，再切小块，备用。
3. 取榨汁机，选择搅拌刀座组合，倒入切好的马蹄、猕猴桃。
4. 注入适量纯净水。
5. 盖上盖，选择"榨汁"功能，榨约 30 秒。
6. 将榨好的果汁滤入杯中。
7. 撇去浮沫即可。

Code

猕猴桃：猕猴桃含有蛋白质、维生素C、果胶、钙、磷、铁、镁等营养成分，具有开胃健脾、助消化、预防便秘等功效。

Kiwifruit 4
猕猴桃菠萝苹果汁
预防癌症，降血压

TIPS

刚买回来的猕猴桃如果摸起来仍硬硬的，可以和香蕉一起放在塑胶袋中催熟，或是放在室温下约2~3天，即可慢慢熟透。

材料：

猕猴桃肉 60 克，菠萝肉 95 克，苹果 110 克

做法：

1. 猕猴桃、菠萝、苹果切小块。
2. 取榨汁机，倒入切好的水果。
3. 注入适量的纯净水，盖好盖子。
4. 选择"榨汁"功能，榨出果汁即可。

Code

猕猴桃：含有黄体素、钾，可辅助降血压、平衡体内电解质与预防癌症的形成，而丰富的多酚、多肽亦可辅助强化细胞的抗癌能力。

菠　萝：菠萝中的糖、盐类和酶有利尿作用，适量食用对肾炎、高血压病患者有益。

苹果
Apple

苹果
Apple

1. 苹果番石榴汁
2. 苹果综合蔬菜汁
3. 苹果梅子醋
4. 苹果豆浆

· 促进肠胃蠕动，降血糖
· 预防癌症，降血压
· 平衡酸碱值，消除疲劳
· 生津止渴，增强免疫

苹果

苹果含有蛋白质、苹果酸、柠檬酸、单宁酸、果胶、纤维素、维生素C等营养成分,能促进钠从体内排出,有平衡体内血压的功效,比较适合高血压病患者食用。

苹果的营养功效

1.降低胆固醇

苹果中的胶质和微量元素铬能保持血糖的稳定,还能有效地降低胆固醇。

2.美容养颜

苹果中含有大量的镁、硫、铁,铜、碘、锰、锌等微量元素,可使皮肤细腻、润滑、红润有光泽。

3.润肠排毒

苹果中富含粗纤维,可促进肠胃蠕动,协助人体顺利排出废物,减少有害物质对身体的危害。

4.改善肺功能

苹果中含的多酚及黄酮类天然化学抗氧化物质,可改善呼吸系统和肺功能,保护肺部免受污染和烟尘的影响,减少肺癌的危险。

苹果的形态近圆形,果皮的颜色多为青、黄、红色

果肉黄白色,肉质细脆,酸甜适口,有香味

最佳营养搭配

牛奶	鸡蛋	柠檬汁	调整肠胃、预防便秘
银耳	红枣	冰糖	润燥补血、益气清肠
瘦肉	花生	桂圆	清心滋润、润肺温胃
鸡蛋	淀粉	白糖	补心益血、生津止渴
红薯	西兰花	奶酪	润肠减肥、抗癌美容

如何存储苹果

苹果放在阴凉处可以保持7~10天的新鲜,如果装在塑料袋放入冰箱,能够保存更长的时间。如果有剩余的苹果,可以做成蜜饯或果酱类的食品,再放入冰箱比较方便。如果将未成熟的猕猴桃或者梨放入装有苹果的塑料袋中,苹果所释放出的乙烯有催熟其他水果的作用,能够软化猕猴桃和梨。

Apple 1
苹果番石榴汁
促进肠胃蠕动，降血糖

TIPS

苹果去皮后很容易氧化变黑，如果要防止氧化变色，可以加点柠檬汁，或浸泡在2～3克的盐水中。

材料：

苹果1个，番石榴半个，清水200毫升

做法：

1. 蔬果洗净；苹果切块；番石榴去籽、切块。
2. 做法1加入果汁机，加清水搅打均匀即可。

Code

番石榴：热量低，且容易有饱足感，β-胡萝卜素及类胡萝卜素有辅助防癌抗氧化作用，很适合减肥中的人与糖尿病患者食用。

Apple 2
苹果综合蔬菜汁
预防癌症，降血压

材料：

苹果半个，上海青 50 克，包菜 50
克，菠萝 1/4 个，橙子 1/4 个，
水 200 毫升

做法：

1. 蔬果洗净；苹果、菠萝切块；
   橙子挖出果肉；上海青切段，
   包菜撕碎。

2. 做法 1 加入果汁机，加水搅打
   均匀即可。

Code

上海青：热量值低，并富含维生素
　　　　A、钾，有预防高血压、
　　　　增强抵抗力与辅助抑制癌
　　　　细胞发展等功效。

Apple 3
苹果梅子醋
平衡酸碱值，消除疲劳

TIPS

梅子醋可以买现成的，也可以自己制作，建议自己制作比较天然，清明时节为梅子产期，可用1:2的方式，即将500克的梅子加入1000毫升的酿造醋中，浸泡8个月，建议浸泡时间不要加糖。

材料：

苹果半个，梅子醋30毫升，清水150毫升

调味料：

果糖少许

做法：

1. 苹果洗净、切丁，梅子醋稀释成5倍，即加入150毫升的冷开水。
2. 做法1加入果糖，可依自己喜好加入冰块后即可饮用。

Code

梅子醋：梅子与醋都属碱性食品，梅子醋里含有许多丰富的有机酸及多种矿物质，能协助促进新陈代谢、缓和疲劳、促进消化与平衡体内酸碱值。

Apple 4

苹果豆浆

生津止渴，增强免疫

TIPS

苹果中还有铜、碘、锰、锌、钾等元素，人体如缺乏这些元素，皮肤就会发生干燥、易裂、奇痒。

材料：

苹果 140 克，水发黄豆 100 克，白糖少许

做法：

1. 洗净的苹果切小块。
2. 取备好的豆浆机，倒入已浸泡 8 小时的黄豆。
3. 放入苹果块，撒上少许白糖，注入适量清水。
4. 盖上豆浆机机头，选择"五谷"程序，再选择"开始"键，待其运转约 15 分钟。
5. 断电后取出机头，倒出煮好的豆浆，装入杯中即成。

Code

黄　豆：黄豆中的卵磷脂可除掉附在血管壁上的胆固醇，防止血管硬化，预防心血管疾病，保护心脏。

杨桃
Star fruit

杨桃
Star fruit

1. 降压杨桃汁
2. 杨桃梅醋汁
3. 洛神杨桃汁
4. 杨桃香蕉牛奶

· 生津解渴，降血压
· 平衡酸碱值，降血压
· 清热解毒，降血压
· 清热消食，降血降脂

杨桃

杨桃含有苹果酸、柠檬酸、草酸、糖类、维生素等成分,是人体生命活动的重要物质,有助消化、滋养肌肤等作用。常食杨桃可补充机体营养,增强抗病能力。

杨桃的营养功效

1.降压降脂

杨桃能减少机体对脂肪的吸收,有降低血脂、胆固醇的作用,对高血压、动脉硬化等心血管疾病有预防作用。

2.消除疲劳

杨桃中糖类、维生素C及有机酸含量丰富,且果汁充沛,能迅速补充人体的水分,生津止渴,并使人体内的热或酒毒随小便排出体外,消除疲劳感。

3.促进消化

杨桃果汁中含有大量纤维质、草酸、柠檬酸、苹果酸等,能提高胃液的酸度,促进食物的消化,改善胸闷欲呕、消化不良、腹胀打嗝等症状。

未熟时绿色或淡绿色,熟时黄绿色至鲜黄色

浆果肉质,有5棱,很少6或3棱,横切面呈星芒状

最佳营养搭配

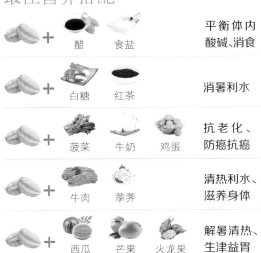

杨桃 +			功效
+	醋	食盐	平衡体内酸碱、消食
+	白糖	红茶	消暑利水
+	菠菜	牛奶	鸡蛋	抗老化、防癌抗癌
+	牛肉	荸荠	清热利水、滋养身体
+	西瓜	芒果	火龙果	解暑清热、生津益胃

如何选购杨桃

选择杨桃,以果皮光亮、果肉厚、皮色黄中带绿、棱边青绿者为佳。如棱边变黑,皮色接近橙黄,表示已熟透多时;反之,皮色太青恐怕会过酸。

Star fruit 1
降压杨桃汁
生津解渴，降血压

TIPS

肾功能不佳与洗肾患者不宜吃杨桃，因为杨桃富含草酸氢钾，肾脏代谢不良者会在体内形成一种神经毒，而严重影响消化系统。

材料：

杨桃半个，橙子 1/4 个，苹果 1/4 个，水 200 毫升

调味料：

冰糖少许

做法：

1. 杨桃洗净、切块；橙子剖开，挖果肉；苹果洗净、切块。
2. 做法 1 加入果汁机中，再加少许冰糖搅匀即可。

Code

杨　桃：含有的纤维素及酸素能协助缓解体热，帮助消化进而预防便秘，性凉，是生津解渴、降暑、解酒与利尿好帮手。

Star fruit 2
杨桃梅醋汁
平衡酸碱值，降血压

TIPS

还可以自制解酒的杨桃醋，方法很简单，就是将杨桃切片榨汁，加点酿造醋或食盐，比例上大约是200毫升的杨桃汁加10毫升的醋，喝了有醒酒的效果。

材料：
　杨桃半个，梅子醋 30 毫升，水 150 毫升
调味料：
　冰糖少许

做法：

1. 将杨桃榨汁，将 30 毫升的梅子醋稀释成 5 倍，即加入 150 毫升的水。
2. 做法 1 加入冰糖，并依自己的喜好加入冰块即可饮用。

Code

梅子醋：梅子中的柠檬酸是钙质吸收的最佳助剂，适量食用可促进钙质吸收；而其烟碱酸成分，亦具有辅助增强血管弹性、降低血压的作用。

Star fruit 3

洛神杨桃汁

清热解毒，降血压

材料：

杨桃 170 克，冰糖 20 克，洛神花少许

做法：

1. 砂锅中注水烧热，倒入洗好的洛神花，煮约 15 分钟至析出有效成分。
2. 取榨汁机，倒入杨桃、冰糖。
3. 注入煮好的洛神花汁水。
4. 盖上盖，选择"榨汁"功能，榨取汁水即可。

Code ———

洛神花：洛神花含有有机酸、柠檬酸、木槿酸、还原糖、纤维素、酚类等成分，能促进胆汁分泌、降低胆固醇含量、刺激肠壁蠕动等。

Star fruit 4
杨桃香蕉牛奶
清热消食，降血降脂

材料：

杨桃180克，香蕉120克，牛奶80毫升

做法：

1. 洗净的香蕉剥去果皮，再切成小块。
2. 洗好的杨桃切开，去除硬芯部分，再切成小块，备用。
3. 取榨汁机，选择搅拌刀座组合。
4. 倒入切好的杨桃、香蕉，注入适量牛奶。
5. 加入少许凉开水，盖上盖。
6. 选择"榨汁"功能，榨取果汁。
7. 断电后倒出果汁即可

Code

香　蕉：香蕉含有蛋白质、灰分、维生素A、钙、磷、铁等营养成分，具有镇静安神、降血压、滋润皮肤、增强免疫力等功效。

葡萄
Grape

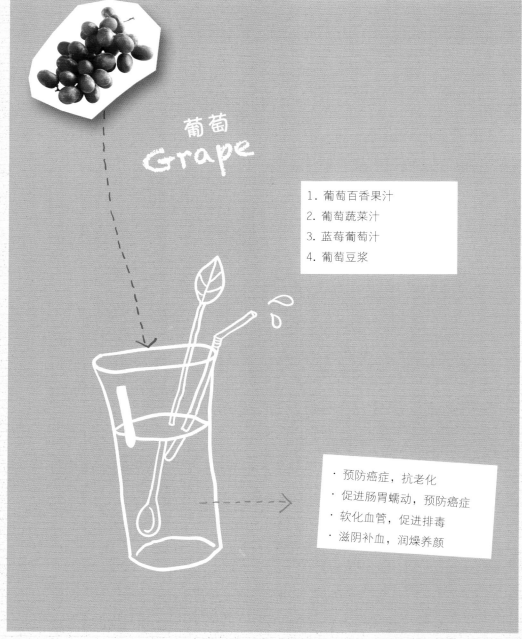

葡萄
Grape

1. 葡萄百香果汁
2. 葡萄蔬菜汁
3. 蓝莓葡萄汁
4. 葡萄豆浆

· 预防癌症，抗老化
· 促进肠胃蠕动，预防癌症
· 软化血管，促进排毒
· 滋阴补血，润燥养颜

葡萄

葡萄含有钙、钾、磷、铁、果糖、蛋白质、酒石酸和多种维生素,其所富含的钾元素有利于钠盐的排出,从而起到降血压的作用。

葡萄的营养功效

1.缓解疲劳

葡萄中含有矿物质钙、钾、磷、铁、蛋白质以及多种维生素B_1、B_2、B_6、C和P等,还含有多种人体所需的氨基酸,可缓解神经衰弱、疲劳过度。

2.补血养颜

葡萄中的糖和铁的含量较高,是妇女、儿童和体弱贫血者的滋补佳品。

3.预防心血管病

葡萄能比阿斯匹林更好地阻止血栓形成,并且能降低人体血清胆固醇水平,降低血小板的凝聚力,对预防心脑血管病有一定作用。

4.抗老

葡萄中含的类黄酮是一种强力抗氧化剂,可抗衰老,并可清除体内自由基。

最佳营养搭配

葡萄 +	鸡蛋黄	淀粉	降糖养血、缓解疲劳
葡萄 +	柠檬	冰糖	调节血糖、抗衰老
葡萄 +	银耳	冰糖	美容养颜
葡萄 +	番茄	紫甘蓝	美白瘦身、抗氧化
葡萄 +	山药	粳米	莲子	补虚养身、延缓衰老

果实圆形或椭圆形,色泽随品种而异,有黄绿色、红色、黑蓝色或紫色

果肉外有层薄皮,皮外有薄霜,有些品种无籽

如何选购葡萄

不管选购哪个品种的葡萄,一定要选购最新鲜的。新鲜的葡萄大小均匀整齐,枝梗新鲜牢固,颗粒饱满,青籽和瘪籽较少,表面有一层白色的霜。另外,新鲜的葡萄用手轻轻提起时,颗粒牢固,落籽较少。

Grape 1
葡萄百香果汁
预防癌症，抗老化

TIPS
葡萄皮中的营养多，所以吃葡萄不要吐皮，因为葡萄皮中有花青素、白藜芦醇、单宁，具有抗氧化、保护心血管疾病、抗过敏的作用。

材料：
　葡萄 10 颗，百香果 1 个
调味料：
　蜂蜜 1 小匙

做法：
1. 葡萄洗净，百香果洗净、剖开、挖出果肉。
2. 做法 1 加入果汁机中，加入蜂蜜搅打均匀即可。

Code

葡　萄：葡萄含有丰富的花青素、多酚、有机酸与多种矿物质，可以协助抗氧化、健全肠胃机能，预防贫血、增加身体抵抗力与辅助去除致癌因素等。

Grape 2

葡萄蔬菜汁

促进肠胃蠕动，预防癌症

TIPS

葡萄籽是近年来保健食品的宠儿，不仅可以抗辐射、抗癌、抗老化，也是抗衰老的巨星，每次吃葡萄时，试着多嚼几粒葡萄籽吧！

材料：

葡萄 10 颗，包菜 50 克，西芹 50 克，香菜 20 克，水 200 毫升

调味料：

蜂蜜 1 小匙

做法：

1. 所有蔬果洗净，包菜切片，西芹、香菜切段。
2. 做法 1 加入果汁机中，加水，并加入蜂蜜搅打均匀即可。

Code

香　菜：香菜嫩茎叶中含有甘露糖醇类挥发油物质，有帮助消化及利尿、降血糖的良好辅助功效。

Grape 3
蓝莓葡萄汁
软化血管，促进排毒

材料：
　葡萄 30 克，蓝莓 20 克

做法：

1. 取榨汁机，选择搅拌刀座组合。
2. 倒入洗净的蓝莓、葡萄。
3. 倒入适量纯净水。
4. 盖上盖，选择"榨汁"功能，榨取果汁。
5. 将榨好的果汁倒入滤网中，滤入杯中即可。

Code ————

蓝　莓：蓝莓含有花青素、果胶、花色苷、维生素C等营养成分，可以乳化人体中的脂肪和胆固醇，促进其排出体外，从而达到调节血压的功效。

Grape 4
葡萄豆浆
滋阴补血，润燥养颜

TIPS
豆浆煮沸时的温度大概是80多度，应该续煮约五分钟达到100度才能煮熟，如果煮不熟的话容易引起腹泻等症状。

材料：

葡萄 20 克，水发黄豆 40 克

做法：

1. 将备好的葡萄、黄豆倒入豆浆机中。
2. 注入适量清水，至水位线即可。
3. 待豆浆机运转约 15 分钟，即成豆浆。

Code

葡 萄：葡萄含有蛋白质、葡萄糖、果糖、钙、钾、磷、铁等营养成分，具有滋补肝肾、生津液、强筋骨、补益气血等功效。

金橘
Cumquat

金橘
Cumquat

1. 金橘奶茶
2. 金橘柠檬
3. 金橘桂圆茶
4. 金橘橙子汁

· 养颜美容，预防动脉硬化
· 生津止咳，降血压
· 健胃助消化，益气补血
· 提高免疫力，生津止渴

金橘

金橘含有特殊的挥发油等特殊物质,具有令人愉悦的香气。果实含有丰富的维生素C、金橘甙等成分,对维护心血管功能,防止血管硬化、高血压等疾病有一定的作用。

金橘的营养功效

1.美容养颜

金橘可预防色素沉淀、增进皮肤光泽与弹性、减缓衰老、避免肌肤松弛生皱。

2.开胃生津

金橘作为食疗保健品,金橘蜜饯可以开胃,饮金橘汁能生津止渴,加萝卜汁、梨汁饮服能治咳嗽。金橘药性甘温,能理气解郁,化痰。

3.预防慢性病

金橘对维护心血管功能,防止血管硬化、高血压等疾病有一定的作用。

4.预防感冒

金橘能增强机体抗寒能力,可以防治感冒、降低血脂。

果矩圆形或卵形,表皮薄、光泽亮丽,颜色金黄或橘色

果皮肉质而厚,平滑,有许多腺点,有香味

最佳营养搭配

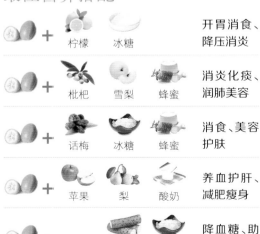

金橘 +			功效
柠檬	冰糖		开胃消食、降压消炎
枇杷	雪梨	蜂蜜	消炎化痰、润肺美容
话梅	冰糖	蜂蜜	消食、美容护肤
苹果	梨	酸奶	养血护肝、减肥瘦身
黑小米	山药	冰糖	降血糖、助消化

金橘的食用方法

金橘皮色金黄、皮薄肉嫩、汁多香甜。它皮肉难分,洗净后可连皮带肉一起吃下。吃金橘前后一小时不可喝牛奶,因牛奶中之蛋白质遇到金橘中之果酸会凝固,不易消化吸收,会腹胀难过。

Cumquat 1
金橘奶茶
养颜美容，预防动脉硬化

TIPS

金橘含有特殊的挥发油、金橘甙等特殊物质，具有令人愉悦的香气，是颇具特色的水果。

材料：

金橘 5 颗，低脂鲜奶 100 毫升，热开水 200 毫升，红茶包 1 个

调味料：

蜂蜜少许

做法：

1. 金橘洗净、切开，挤汁。
2. 红茶包放入热开水中，泡出热红茶。
3. 做法 1 加入做法 2，再加入鲜奶、蜂蜜搅匀即可。

Code

金　橘：其丰富的金橘甙等成分对于维护心血管功能、防止血管硬化与预防高血压等疾病有一定的辅助治疗作用。

Cumquat 2
金橘柠檬
生津止咳，降血压

TIPS

金橘生食很酸，除了泡成饮料，多用来制成桔饼或蜜饯，如果是糖尿病患者不建议吃金橘蜜饯，高血压患者也要限制食用。

材料：

金橘5颗，柠檬1个，清水300毫升

调味料：

蜂蜜少许

做法：

1. 金橘与柠檬洗净，用榨汁器榨汁。

2. 做法1放入锅中，加入水、蜂蜜煮沸即可。

Code

金 橘：金橘药性甘温，有助止渴与增强身体抗寒能力。金橘含维生素P，有助维护血管的弹性，亦有很好的抗氧化作用。

Cumquat 3
金橘桂圆茶
健胃助消化，益气补血

TIPS

寒冬吃金橘有预防感冒、咳嗽的作用，如果患感冒不妨一天吃新鲜金橘5~10粒，若怕太酸，可以加点冰糖，隔水加热半个钟头后吃。

材料：

金橘 200 克，桂圆肉 25 克

调味料：

白糖少许

做法：

1. 洗好的金橘对半切开，备用。
2. 砂锅中注入适量清水烧开，倒入备好的桂圆肉、金橘。
3. 盖上盖，用小火煮约 20 分钟至食材熟透。
4. 揭开盖，放入白糖。
5. 搅拌均匀，煮约半分钟至白糖溶化。
6. 盛出煮好的茶水，装入碗中即可。

Code

桂　圆：桂圆有滋补强体、补心安神、养血壮阳、益脾开胃、润肤美容的功效，对失眠、神经衰弱、贫血等有较好的功效。

Cumquat 4
金橘橙子汁
提高免疫力，生津止渴

TIPS
金橘含有丰富的维生素C和维生素P，对高血压和血管硬化等都有所帮助。

材料：

金橘 5 颗，橙子半个，苹果 1/4 个

调味料：

蜂蜜 1 小匙

做法：

1. 金橘、橙子洗净，用榨汁器压汁、备用。
2. 苹果洗净、切块。
3. 做法 1 和做法 2 一起放入果汁机中，搅打均匀即可。

Code

蜂　蜜：不需酶分解，即可被人体吸收，其含有叶酸、胆碱等维生素，有助胎儿的发育和维持血液与神经系统的健康，并有助预防动脉硬化等心血管疾病。

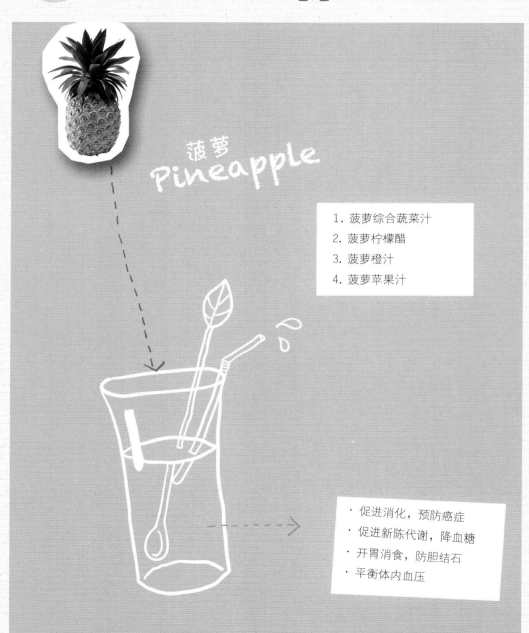

以水果为主角的
果汁

菠萝
Pineapple

菠萝 Pineapple

1. 菠萝综合蔬菜汁
2. 菠萝柠檬醋
3. 菠萝橙汁
4. 菠萝苹果汁

· 促进消化，预防癌症
· 促进新陈代谢，降血糖
· 开胃消食，防胆结石
· 平衡体内血压

菠萝

菠萝所含的菠萝朊酶能分解蛋白质,溶解阻塞于血管中的纤维蛋白和血凝块,改善血液循环,消除水肿。其中所含的糖、盐类和酶有利尿作用,有助改善肾炎、高血压病。

菠萝的营养功效

1.消除水肿

溶解阻塞于组织中的纤维蛋白和血凝块,改善局部的血液循环,消除炎症和水肿。

2.助消化,促进食欲

具有健胃消食、补脾止泻、清胃解渴的功效。菠萝的诱人香味则是来其成分中的酸丁酯,具有刺激唾液分泌及促进食欲的功效。

3.美容

防止皮肤干裂,滋润头发的光亮,同时也可以消除身体的紧张感和增强肌体的免疫力。

4.保健

促进血液循环酶,素来可以降低血压,稀释血脂,食用菠萝可以预防脂肪沉积。

菠萝的可食部分主要由肉质增大之花序轴、螺旋状排列于外周的花组成

果肉色黄,质爽脆

最佳营养搭配

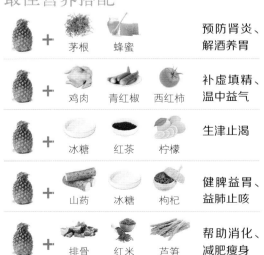

菠萝 +	茅根	蜂蜜	预防肾炎、解酒养胃
菠萝 +	鸡肉	青红椒	西红柿	补虚填精、温中益气
菠萝 +	冰糖	红茶	柠檬	生津止渴
菠萝 +	山药	冰糖	枸杞	健脾益胃、益肺止咳
菠萝 +	排骨	红米	芦笋	帮助消化、减肥瘦身

菠萝的存储和食用

菠萝在6~10℃下保存,不仅果皮会变色,果肉也会成水浸状,因此不要放进冰箱储藏,要在避光、阴凉、通风的地方储存。

食用菠萝时,由于菠萝中含有刺激作用的甙类物质和菠萝蛋白酶,因此应将果皮和果刺修净,将果肉切成块状,在稀盐水或糖水中浸渍,浸出甙类,然后再吃。

Pineapple 1
菠萝综合蔬菜汁
促进消化，预防癌症

TIPS

吃菠萝很怕割破嘴，如果在吃菠萝之前，先将菠萝浸泡在盐水中，就比较不容易割破嘴。

材料：

菠萝 150 克，包菜 30 克，胡萝卜 30 克，小黄瓜 50 克，苹果 50 克，水 200 毫升

调味料：

蜂蜜 1 小匙

做法：

1. 所有蔬果洗净，菠萝、胡萝卜、小黄瓜、苹果切块，包菜切片。
2. 做法 1 加入果汁机中，加水，并加入蜂蜜搅打均匀即可。

Code

菠 萝：富含酵素酶，适量吃菠萝可以辅助稀释血脂、降低血压，进而预防血管硬化，同时也可辅助促进钙质吸收，但建议胃寒者应避免生饮菠萝汁。

Pineapple 2
菠萝柠檬醋
促进新陈代谢，降血糖

TIPS
柠檬醋的做法是500克的柠檬（洗净与自然风干），放入2瓶米醋中，保留果皮与种子，浸泡45天。

材料：

菠萝 100 克，柠檬醋 30 毫升，水 150 毫升

调味料：

蜂蜜少许

做法：

1. 将 30 毫升的柠檬醋稀释，即加入 150 毫升的水。

2. 菠萝切丁，加入做法 1 中，再依自己喜好加入蜂蜜即可。

Code

柠檬醋：富含体内所需醋酸，可协助消除疲劳、抗氧化、预防痛风及糖尿病等慢性病的发生机率，还有助促进体内肝脏与血液的新陈代谢等辅助功效。

Pineapple 3
菠萝橙汁
开胃消食，防胆结石

材料：

菠萝肉 100 克，橙子肉 70 克

做法：

1. 菠萝肉切小丁块。
2. 橙子肉切小块。
3. 取榨汁机，选择搅拌刀座组合，倒入切好的水果。
4. 注入适量纯净水，盖好盖子。
5. 选择"榨汁"功能，榨取果汁。
6. 断电后倒出橙汁，装入杯中即成。

Code ———

菠　萝：菠萝含有胡萝卜素、硫胺素、核黄素、维生素C、灰分、菠萝酶等营养成分，具有促进肠胃蠕动、解油腻、缓解疲劳等功效。

Pineapple 4

菠萝苹果汁

平衡体内血压

TIPS

菠萝榨汁前可用盐水浸泡一会儿，能去除其涩味。

材料：

菠萝 150 克，苹果 100 克

做法：

1. 洗净去皮的菠萝切小块。

2. 洗好的苹果切瓣，去核，切成小块，备用。

3. 取榨汁机，选择搅拌刀座组合，倒入切好的菠萝、苹果。

4. 加入适量矿泉水。

5. 盖上盖子，选择"榨汁"功能，榨取水果汁。

6. 把榨好的果汁倒入杯中即可。

Code

苹　果：含有苹果酸、柠檬酸、单宁酸、果胶、纤维素、维生素C等营养成分，能促进钠从体内排出，有平衡体内血压的功效，比较适合高血压病患者食用。

以水果为主角的果汁

橙子
Orange

橙子
Orange

1. 清爽蜜橙汁
2. 橙子苹果汁
3. 橙子综合蔬果汁
4. 橙子橘子汁

· 瘦身排毒，促进代谢
· 降胆固醇，降血压
· 美容养颜，抵抗癌症
· 增进免疫力，减肥瘦身

橙子

橙子含有膳食纤维、维生素A、B族维生素、维生素C、苹果酸、磷等营养成分。对于有便秘困扰的人而言,橙子所含的膳食纤维可帮助排便,有很好的排毒功效。

橙子的营养功效

1.预防高血脂

橙子中含量丰富的维生素C、P,能促进血液循环,增加机体抵抗力,增加毛细血管的弹性,软化和保护血管,降低血中胆固醇和血脂。

2.清肠排毒

橙子所含纤维素和果胶物质可促进肠道蠕动,有利于清肠通便,排除体内有害物质。

3.舒缓情绪

橙子特有的气味有利于缓解人的心理压力,但仅有助于女性克服紧张情绪,对男性的作用不大。

4.解毒醒酒

橙子味酸芳香,酸能杀菌,有助醒脾,和胃降逆,对于因饮酒过量,或做鱼蟹之菜肴,均有较好的调味和解毒醒酒作用。

最佳营养搭配

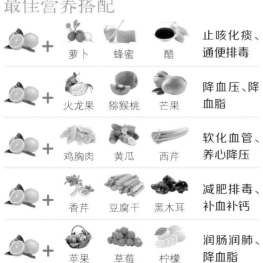

+	萝卜	蜂蜜	醋	止咳化痰、通便排毒
+	火龙果	猕猴桃	芒果	降血压、降血脂
+	鸡胸肉	黄瓜	西芹	软化血管、养心降压
+	香芹	豆腐干	黑木耳	减肥排毒、补血补钙
+	苹果	草莓	柠檬	润肠润肺、降血脂

果圆形至长圆形,橙黄色,油胞凸起,果皮不易剥离

果顶无脐,或间有圈印

橙子的存储和食用

存储:要放在通风阴凉处,每个果实要分开,不要重叠,以免生热霉坏。放入冰箱的橙子也最好用网兜兜好,以保证通风性。

食用:一天一个即可,最多不超过5个。不要用吃剩的橙皮泡水饮用,因为橙皮上一般都会有保鲜剂,很难用水洗净。

Orange 1
清爽蜜橙汁
瘦身排毒，促进代谢

TIPS

榨汁时可以加点橙子皮，口味会更香甜。

材料：

橙子 150 克，蜂蜜 12 克

做法：

1. 洗净的橙子切去头尾，再切开，改切成小瓣，去除果皮。
2. 取榨汁机，选择搅拌刀座组合。
3. 倒入橙子、蜂蜜。
4. 注入少许温开水。
5. 盖好盖，选择"榨汁"功能，榨取果汁。
6. 断电后倒出果汁。
7. 装入杯中即可饮用。

Code

橙　子：橙子含有维生素C、钙、磷、钾、胡萝卜素、柠檬酸等营养成分，具有瘦身排毒、健脾温胃、助消化、增食欲等功效。

Orange 2
橙子苹果汁
降胆固醇，降血压

TIPS
晒干的橙子皮可以当天然的防湿除虫剂，放进橱柜中可以防湿除虫呢！

材料：

橙子半个，苹果半个，小黄瓜半条，水 200 毫升

调味料：

蜂蜜少许

做法：

1. 蔬果洗净，橙子去皮、切片，苹果、小黄瓜切片。
2. 做法 1 倒入果汁机，加入蜂蜜，并加水搅拌均匀即可。

Code

橙　子：含丰富果胶，能减少胆固醇的吸收，有降血脂作用，其中的苹果酸与柠檬酸能辅助胃液消化脂肪，促进食欲。

Orange 3
橙子综合蔬果汁
美容养颜，抵抗癌症

材料：

橙子 1 个，胡萝卜 1/4 条，小黄瓜半条，包菜少许，水 150 毫升

调味料：

果糖 1 小匙

做法：

1. 橙子洗净、去皮、切片，胡萝卜、小黄瓜切片、包菜撕碎。
2. 做法 1 加入果汁机中，加水，再加入果糖搅打均匀即可。

Code _____

橙　子：橙子含有丰富的维生素C及P、矿物质，可预防感冒，防止细胞老化，维持良好的血液酸碱度，并有对抗老化、美容护肤的功效，还可以预防癌症。

Orange 4
橙子橘子汁
增进免疫力，减肥瘦身

材料：

橙子 1 个，橘子半个，柠檬汁 5 毫升，水 150 毫升

调味料：

黑糖 1 小匙

做法：

1. 橙子洗净、去皮、切块；橘子去皮、剥小块。
2. 所有材料放入果汁机中搅打均匀，倒入杯中，加入黑糖即可。

Code

橙　子：含丰富的维生素C及维生素P，可增加免疫力、软化血管，具保护细胞、增加白血球活性的功效。

Part 7
综合蔬果&有机杂粮

选择全谷类的食物与综合蔬果有很多的膳食纤维，可以促进肠胃蠕动，预防动脉硬化。绿色蔬菜多含钾，许多五谷类含丰富的镁，制成新鲜的饮品与粥、甜品，不只可以调控血压，还能维持体内酸碱平衡，轻松兼顾美味与健康。

Organic grains 1
精力汤
增进免疫力，降血压

材料：

苹果半个，苜蓿芽 20 克，核桃 10 克，紫高丽 50 克，豆浆 150 毫升

做法：

1. 蔬果洗净；苹果切块；紫高丽撕成小片。
2. 将蔬果块与苜蓿芽、核桃、豆浆一起加入果汁机，搅打均匀即可。

Code

苜蓿芽：其天然的植物性激素，可辅助预防癌细胞发展与改善高血压，丰富的酵素，更能帮助体内消化与吸收。

核　桃：核桃的蛋白质是属于易消化吸收的优质蛋白，丰富的纤维质也有助于降低体内胆固醇含量与预防心脏病、脑溢血等。

Organic grains 2

百香猕猴桃
小黄瓜汁

预防老化，增进免疫力

TIPS

猕猴桃的根是一种中药，药名为"藤梨根"，有催乳、消炎、散瘀活血的功效。

材料：

百香果1个，猕猴桃1个，小黄瓜1条，水200毫升

调味料：

蜂蜜少许

做法：

1. 所有材料洗净；百香果剖开、挖果肉；猕猴桃削皮、切块；小黄瓜切块。
2. 做法1放入果汁机中，加水与蜂蜜搅打均匀即可。

Code

猕猴桃：又称奇异果，蛋白质、胺基酸、维生素C的含量特高，是甜橘的50倍，能预防老化、抗癌、促进肠胃蠕动。

Organic grains 3
综合蔬果汁
减肥瘦身，增进免疫力

TIPS

研究显示，西芹叶的营养比西芹茎丰富，其中的 β 胡萝卜素是茎的80倍，维生素C也是茎的13倍，所以制作蔬果汁不要任意丢弃西芹叶。

材料：

胡萝卜半条，西芹50克，苹果半个，苦瓜1/4个，小黄瓜1条

调味料：

蜂蜜少许

做法：

1. 所有材料洗净，胡萝卜、苹果、苦瓜、小黄瓜切块，西芹切段。

2. 做法1加入果汁机中，加蜂蜜搅打均匀即可。

Code

苦　瓜：热量低，含有丰富的钾与叶酸及独特的蛋白质、黄酮类和多种有机成分等，能协助抗病毒和防癌能力，又具有辅助中和胃酸作用，有助缓解消化不良。

Organic grains 4
高纤杂粮酸奶
预防骨质疏松，补血活血

TIPS

核桃与松子也可以用其他坚果类代替，两者均含有不饱和脂肪酸，能软化血管，但两者也都含高脂肪、高蛋白质，肥胖或想减重的人不宜食用太多。

材料：

苜蓿芽 80 克，苹果半个，猕猴桃半个，燕麦片 50 克，核桃 30 克，松子 30 克，酸奶 200 毫升

做法：

1. 将蔬果洗净，苹果、猕猴桃去皮、切片。
2. 做法 1 加入燕麦、核桃、苜蓿芽、松子，再倒入酸奶，用果汁机搅打均匀即可。

Code

苜蓿芽：苜蓿芽含丰富的胺基酸，对于辅助治疗关节炎有帮助，也可帮助镇定神经，其铁元素更有帮助治疗贫血的作用。

燕　麦：含有丰富的维生素B群、叶酸与亚麻油酸等营养素可以辅助降低胆固醇，具有预防骨质疏松、便秘、贫血与改善心血管疾病等功效。

Organic grains 5
鲜果薏仁浆
降血糖，降血脂

TIPS

怀孕或月经期间不宜吃薏仁，因为薏仁会导致子宫收缩，应避免食用。

材料：

苹果半个，猕猴桃半个，橙子半个，煮熟薏仁 3 大匙，水 250 毫升

做法：

1. 所有水果洗净；猕猴桃、橙子去皮，切丁；苹果切丁。
2. 薏仁粉先用少许热开水搅匀，再续加温水调成薏仁浆。
3. 做法 2 加入做法 1 即可。

Code

薏　仁：含丰富的不饱和脂肪酸与多种矿物质，有研究指出其具有辅助治疗稳定血糖值、降低血脂的功能。

Organic grains 6
糙米核桃蔬果汁
降胆固醇，促进血液循环

TIPS

糙米在煮饭前一定要先浸泡过，因为糙米的皮含植酸，会影响人体对蛋白质和矿物质的吸收，如果先用温水浸泡30分钟，可以先将质酸分解。

材料：

糙米 1/4 杯，核桃 30 克，苹果半个，橙子半个，胡萝卜半条，西芹半支，水 200 毫升

调味料：

冰糖少许

做法：

1. 糙米用温水浸泡 30 分钟，用电锅煮熟；核桃、蔬果洗净，橙子去皮。

2. 苹果、胡萝卜、橙子切片；西芹切段。

3. 将所有材料加入果汁机中，倒入水，再加入冰糖即可。

Code ———————

糙　米：含丰富的膳食纤维、维生素与锌、铁等微量元素，有降低胆固醇、促进血液循环与预防高血压、动脉硬化等心血管疾病的作用。

猕猴桃薏米粥

美容养颜，增进免疫力

TIPS
猕猴桃含有丰富的食物纤维、维生素C、磷、钾等微量元素。

材料：

水发薏米 220 克，猕猴桃 40 克

调味料：

冰糖少许

做法：

1. 洗净的猕猴桃切去头尾，削去果皮，切开，去除硬芯，切成片，再切成碎末，备用。
2. 砂锅注水烧开，倒入洗净的薏米，拌匀。
3. 盖上锅盖，煮开后用小火煮1小时至薏米熟软。
4. 揭开锅盖，倒入猕猴桃末。
5. 加入少许冰糖，搅拌均匀，煮2分钟至冰糖完全溶化。
6. 关火后盛出煮好的粥，装入碗中即可。

Code

薏 米：薏米中的薏醇与硒元素具有辅助降血压与对抗癌细胞发展等功能；其萃取物亦有辅助促进免疫力与抵抗过敏的作用。

188 •

薏米红枣饮

补血安神，强健体质

材料：

薏米 45 克，红枣 15 克

调味料：

冰糖少许

做法：

1. 砂锅中注入适量清水烧开，倒入洗净的薏米、红枣。
2. 盖上盖，烧开后用小火煮约 20 分钟至其析出有效成分。
3. 揭盖，倒入冰糖，搅拌均匀，煮至溶化。
4. 关火后盛出煮好的红枣饮，装入碗中即可。

Code

红 枣：红枣所含有的环磷酸腺苷是人体细胞能量代谢的必需成分，能够增强肌力，消除疲劳，扩张血管，增加心肌收缩力，改善心肌营养，对防治心血管系统疾病有良好的作用。

Organic grains 9

山药冬瓜萝卜汁

健脾益胃、益气养身

TIPS

新鲜山药切开时会有黏液，极易滑刀伤手，可以先用清水加少许醋清洗，这样可减少山药的黏液。

材料：

山药50克，白萝卜75克，冬瓜65克，苹果肉55克

做法：

1. 冬瓜、白萝卜和山药洗净去皮切小块，苹果洗净去皮，去核切小块备用。
2. 锅中注水烧开，倒入切好的冬瓜、山药，用大火煮2分钟捞出，沥干水分备用。
3. 取榨汁机，选择搅拌刀座组合，放入备好的白萝卜、苹果、冬瓜、山药。
4. 注入适量温开水，盖上盖。
5. 选择"榨汁"功能，榨取蔬果汁。
6. 断电后倒出榨好的蔬果汁即可。

Code

山　药：山药富含淀粉、蛋白质、B族维生素、维生素C、黏液蛋白、氨基酸和矿物质。其所含的黏液蛋白有降糖降压的作用，有增强人体免疫力，延缓衰老。

Part 8
汉方药草&花草茶类

想要降低血压，也可以选择服用汉方药草或茶饮来辅助治疗，如果是上班族，平时可以带一些干的药材与花茶到办公室泡着喝。如果嘴馋想吃点心，可以在家自制果冻，简单方便又可口。高血压其实不用忌口，但如何吃得美味又安心，就得在日常生活中多用心了解食材功效常识，花点心思DIY，就能轻松兼顾美味与健康。

Tea 1
何首乌决明茶
降血脂，降血压

TIPS

何首乌含有鞣质，遇铁容易变色，减低疗效，所以不适合用铁制的器具煎煮。

材料：

何首乌 10 克，决明子 10 克，热水 300 毫升

调味料：

黑糖少许

做法：

1. 决明子用棉布袋包起来，何首乌研磨成粉。

2. 做法 1 用热开水冲泡约 15 分钟，加黑糖即可饮用。

Code

何首乌：现代药理研究出，何首乌对于降血脂、降胆固醇、降血压都有很好的效果。

决明子：决明子又名草决明、羊明，是中医眼科的药，适用于肝热或肝经风热所致的目赤涩痛的症状，现代药理指出其具有保肝、降压、降血脂的效果。

Tea 2
菊花枸杞茶
护眼护肝，降血压

材料：

菊花 10 克，枸杞 5 克，热开水 250 毫升

做法：

1. 将菊花与枸杞放入茶杯中，冲入热开水。

2. 做法 1 焖泡 5～10 分钟，滤渣即可饮用。

Code

菊　花：有散风清热、平肝明目的功能，现代药理研究菊花可以提高心脏收缩能力，也有辅助治疗高血压的功能。

枸　杞：枸杞能滋补肝肾，益精明目，近年来更广泛被使用于辅助治疗高血压及冠心病。

Tea 3

山楂五味子茶
宁心安神，预防心血管疾病

材料：
　山楂 10 克，五味子 10 克

做法：

1. 将山楂与五味子用棉布包起来，一起放进茶壶。
2. 做法 1 用热开水冲泡 5 分钟即可饮用。

Code

山　楂：又称仙楂、生山楂，具有舒张血管的功能，可以增加输送到心脏的血液氧气流量，具有改善高血压和冠状动脉硬化等疾病的功效。

五味子：五味子生长于中国和俄罗斯，《神农本草经》云："主益气，咳逆上气，劳损羸瘦，补不足。强阴，益男子精。"现代药理指出，五味子能益气生津、滋肾养心、宁心安神。

Tea 4
党参菊花枸杞茶
疏风清热，养阴补血

TIPS

菊花冲茶前，可先用温水泡发，这样可以缩短煮茶的时间。

材料：

党参15克，菊花5克，枸杞6克

做法：

1. 砂锅中注入适量清水烧开，放入洗净的党参。
2. 盖上盖，用小火煮约15分钟，至党参析出有效成分。
3. 揭盖，放入洗好的枸杞、菊花。
4. 再盖上盖，用小火煮5分钟，至其析出有效成分。
5. 揭盖，搅拌匀。
6. 把煮好的茶水盛出，待稍凉后即可饮用。

Code

菊　花：含有挥发油、腺嘌呤、氨基酸、维生素和多种矿物质，具有疏散风热、清热解毒、养心润肺、清肝明目等功效。

Tea 5

党参菊花茶

清热祛火，增强免疫力

TIPS

党参含有多糖类、酚类、矿物质，具有增强机体抵抗力、调节胃肠运动等功效。

材料：

党参 15 克，菊花 6 克

做法：

1. 砂锅中注入适量清水烧开，放入洗净的党参。
2. 盖上盖，用小火煮约 20 分钟，至其析出有效成分。
3. 揭盖，放入洗好的菊花，搅拌均匀。
4. 盖上盖，煮约 3 分钟，至菊花析出有效成分。
5. 揭盖，将煮好的茶水装入碗中即可。

Code ———

菊 花：菊花茶中含有的微量脂肪含量仅为0.9%，与菊花中的黄酮共同作用，有清热解毒的作用。

Tea 6

决明菊楂茶

护眼养肝，降血压

TIPS

决明子有润肠通便的作用，所以容易腹泻的人不宜食用决明子。

材料：

决明子 10 克，菊花 5 克，山楂 5 克

做法：

1. 将所有材料放入茶杯中，冲入热开水。

2. 做法 1 焖泡 5～10 分钟，滤渣即可饮用。

Code

菊　花：菊花泡茶，可以春暖去湿、夏暑解渴、秋日解燥、冬季清火。但体虚、胃寒腹泻的人最好不要常常喝菊花。

Tea 7
荷叶桂花茶
减肥瘦身，降血压

材料：
荷叶5克，桂花5克，绿茶2克，水250毫升

调味料：
冰糖少许

做法：
1. 准备一锅水煮沸，加入所有材料，以小火煮约3～5分钟。
2. 做法1滤渣，加入冰糖调味即可饮用。

Code

荷　叶：荷叶为睡莲科植物莲的茎叶。中医认为，荷叶有清热解暑、平肝降脂的功效，现代药理指明，荷叶能减肥、降脂、降血压。

桂　花：桂花的花能化痰生津、除口臭、健肠整胃。

绿　茶：绿茶是近年来非常热门的保健食品，可减肥瘦身、预防龋齿、癌症、抗衰老、降血脂。

Tea 8

玫瑰乌龙茶

养颜美容，降血压

材料：

玫瑰花10克，乌龙茶5克，水200毫升

做法：

1. 将玫瑰花与乌龙茶用棉布包起来。

2. 做法1用热开水冲泡5分钟即可饮用。

Code

玫　瑰：玫瑰能疏肝镇痛、促进血液循环，还能帮助身体新陈代谢、预防心血管疾病，也可以解郁调经、养颜美容。

乌龙茶：乌龙茶能促进胃肠蠕动、帮助消化，还有研究指出，乌龙茶能抑制癌细胞、降低胆固醇、强化血管，进而达到预防冠状动脉和高血压的功效。

Tea 9

肉桂姜奶

促进血液循环，降血糖

材料：

肉桂条半支，红茶5克，鲜奶100毫升，姜3片

调味料：

蜂蜜少许

做法：

1. 准备一锅水，将肉桂条、姜片、红茶、鲜奶放入锅中，以小火煮3～5分钟。

2. 做法1将茶渣滤除，再加入蜂蜜调匀即可饮用。

Code

肉　桂：肉桂又称桂皮、玉桂，能补劳明目、活血化瘀、促进食欲，改善四肢冰冷的作用。

红　茶：红茶中的茶单宁可以降低血液中的胆固醇，预防动脉硬化、中风，还有杀菌、消除口臭的作用。

Tea 10
荷叶绿茶
清热解毒，降血压

TIPS

荷叶含有莲碱、原荷叶碱和荷叶碱等多种生物碱及维生素C、多糖，有清热解毒、凉血、止血的作用。

材料：

荷叶碎6克，绿茶5克

做法：

1. 取一个干净的玻璃茶杯。
2. 放入备好的荷叶碎、绿茶叶。
3. 注入少许开水，冲泡一会儿。
4. 去除杂质，沥干水分，待用。
5. 茶杯中再次注入适量开水，至八九分满。
6. 浸泡约1分钟，至其析出有效成分。
7. 趁热饮用即可。

Code ——————

绿　茶：含有与人体健康密切相关的生化成分，茶叶不仅具有提神清心、清热解暑、消食化痰、去脂减肥、清心除烦、解毒醒酒、生津止渴、降火明目、止痢除湿等药理作用，还对现代疾病如辐射病、心脑血管病、癌症等，有一定的药理功效。

Tea 11

薄荷甘草玫瑰茶

促进血液循环，降血糖

材料：

鲜薄荷叶 30 克，甘草 8 克，玫瑰花 4 克

做法：

1. 砂锅注水烧开，放入洗净的甘草，撒上洗好的玫瑰花。
2. 用小火煮约 10 分钟，至其析出有效成分。
3. 取一个干净的茶杯，放入揉碎的薄荷叶。
4. 再盛入砂锅中的药汁，泡约 1 分钟，至其散出香味，趁热饮用即可。

Code

甘 草：甘草有类似肾上腺皮质激素的作用。对组胺引起的胃酸分泌过多有抑制作用，并有抗酸和缓解胃肠平滑肌痉挛的作用。

Tea 12

红枣绿茶

镇静利尿，强健体质

TIPS

红枣如怕虫蛀，可以放进沸水中浸泡，捞起沥干后，置于阳光下曝晒，再放于阴凉干燥的地方，好好密封。

材料：

红枣 10 克，绿茶 5 克，水 200 毫升

做法：

1. 红枣洗净，用沸水煮约 3～5 分钟。
2. 绿茶用棉布包起来，用热水冲泡 3 分钟，滤渣。
3. 将煮软的红枣加入绿茶中即可饮用。

Code

红　枣：红枣味甘性温，可以补中安眠、益气生津，还可以镇静利尿、增强体力，适合体弱无力、面黄肌瘦的人食用。

Tea 13
玫瑰山楂冻
行血活血，降血压

材料：

玫瑰花 10 克，山楂 10 克，洋菜粉 6 克，水 200 毫升

调味料：

蜂蜜少许

做法：

1. 准备一锅水，将玫瑰花与山楂放入煮约 5 分钟。
2. 做法 1 加蜂蜜及洋菜粉，慢慢煮至溶化。
3. 做法 2 滤渣，将玫瑰山楂茶倒入模型，放凉、冷藏即可食用。

Code

山　楂：山楂性温，能通气行血，可以扩张冠状动脉血流，对预防心血管疾病、高血压、冠心病都很有助益。

Tea 14
薰衣草茶
镇静助眠，降血压

TIPS
薰衣草除了用来泡茶，还可以用来沐浴，放松身心，也可以用来制作西点及做烹调上的变化，把干燥的薰衣草放入枕头中，对失眠也有很好的效果，不妨试试。

材料：

薰衣草5克，甜菊叶2克，热水250毫升

做法：

将薰衣草与甜菊叶用热开水冲开，焖5分钟即可饮用。

Code

薰衣草：薰衣草泡茶所散发的香气，可以松弛身心压力，促进血液循环，并且能镇定神经、助眠，且有辅助治疗降血压之效。

Tea 15

柠檬薰衣草茶

瘦身排毒，增强免疫力

TIPS

柠檬能促进胃中蛋白质分解的分泌，增加胃肠蠕动，还可以预防心血管疾病和高血压等。

材料：

柠檬片10克，薰衣草6克，柠檬汁少许，白糖3克

做法：

1. 取一个茶杯，放入备好的薰衣草，加入白糖。
2. 注入适量开水至八九分满。
3. 放入柠檬汁，拌匀。
4. 放上柠檬片即可。

Code ——————

薰衣草：薰衣草泡茶所散发的香气可以松弛身心压力，促进血液循环，并且能镇定神经、助眠，且有辅助治疗降血压之效。

Tea 16

焦米茉莉花茶

清热解毒，促进胃肠蠕动

材料：

大米 30 克，茉莉花 12 克

调味料：

糖少许

做法：

1. 锅置火上，倒入备好的大米，炒出香味。

2. 转小火，炒约 1 分 30 秒，至米粒呈焦黄色。

3. 关火后盛出食材，装在盘中，即成焦米，待用。

4. 取一茶杯，倒入适量的焦米，撒上备好的茉莉花。

5. 注入适量开水，至八九分满，静置一小会，至散出清香味即可。

Code

茉莉花：茉莉花味甘辛、性温，可以舒缓紧张、消除疲劳，还能预防便秘，很适合在饭后食用，或当下午茶。

图书在版编目（CIP）数据

神奇的蔬果汁.改善高血压秘诀/李馥主编.—乌鲁木齐：
新疆人民卫生出版社，2015.6
　　ISBN 978-7-5372-6258-3

　　Ⅰ.①神…Ⅱ.①李…Ⅲ.①蔬菜－饮料－制作②果
汁饮料－制作③高血压－食物疗法－食谱Ⅳ.
①TS275.5②R247.1③TS972.161

中国版本图书馆CIP数据核字(2015)第125698号

神奇的蔬果汁·改善高血压秘诀

SHENQIDE SHUGUOZHI GAISHAN GAOXUEYA MIJUE

出版发行	新疆人民出版總社 新疆人民卫生出版社
策划编辑	卓　灵
责任编辑	赵笑云
版式设计	王梅梅
封面设计	肖　冰
地　　址	新疆乌鲁木齐市龙泉街196号
电　　话	0991-2824446
邮　　编	830004
网　　址	http://www.xjpsp.com
印　　刷	深圳市雅佳图印刷有限公司
经　　销	全国新华书店
开　　本	173毫米×243毫米　16开
印　　张	13
字　　数	150千字
版　　次	2015年9月第1版
印　　次	2015年9月第1次印刷
定　　价	35.00元